Yici Hanshu

20 第二十章 一次函数

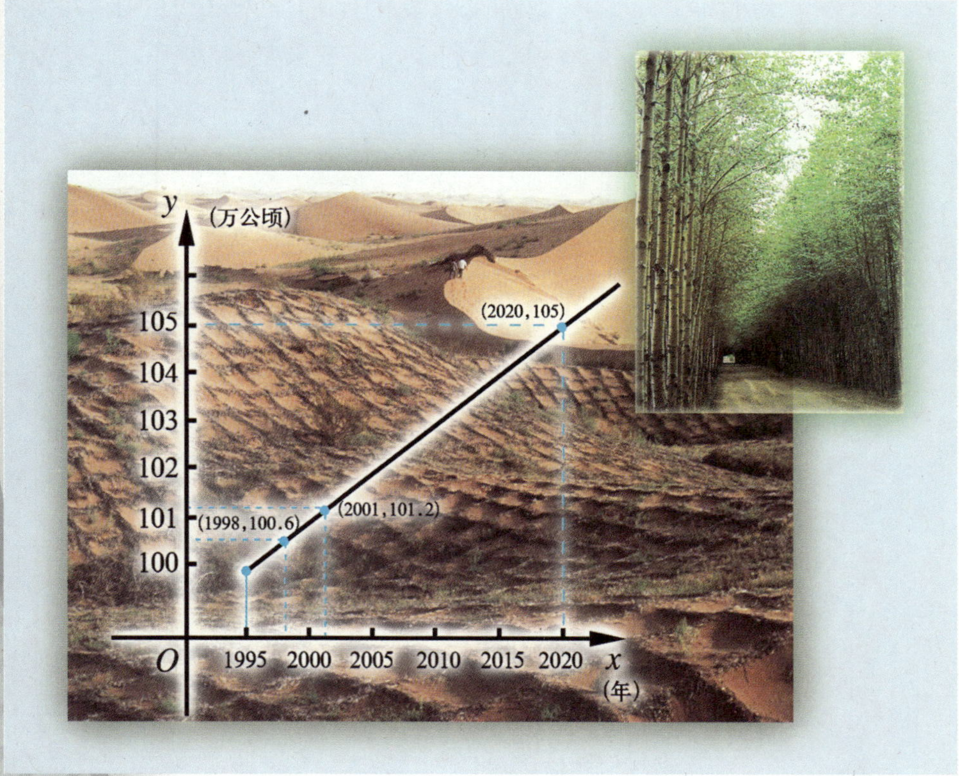

我们在第十八章学习了函数的有关概念，研究了正比例函数和反比例函数.认识到函数是刻画客观世界中的事物运动、变化规律的重要数学模型，广泛地应用于现实生活之中.

例如，当今世界每年有大片土地发生沙漠化，给人类的生存带来严重的威胁.据报道，某地区从1995年底开始，每年增加的沙漠面积几乎相同，1998年该地区的沙漠面积约100.6万公顷，2001年扩展到101.2万公顷，如果不进行有效治理，那么到2020年该地区的沙漠面积将增加到105万公顷，后果堪忧.因此，必须抓紧治理沙漠、大力保护环境.对该地区2020年沙漠面积的预测，不是危言耸听，而是通过建立函数模型$y=kx+b\ (k\neq 0)$推算出来的.这样的预测，对人们正确决策有积极意义.

上面用于作出预测的函数模型，就是本章所要学习的一次函数.我们在本章主要学习一次函数的概念、图像、基本性质和简单应用，从中进一步体验研究、应用函数的过程，体会函数的思想.

第一节　一次函数的概念

20.1　一次函数的概念

在八年级学习函数概念时，我们通过讨论，知道汽车油箱里剩余的油量 y(升)是汽车行驶的路程 x(千米)的函数. 如果汽车油箱里原有汽油 120 升，每行驶 10 千米耗油 2 升，那么 y 与 x 的函数解析式是

$$y=120-0.2x.$$

由解析式可知，这个函数不是正比例函数.

我们再来讨论下面的问题：

问题

某人驾车从甲地出发前往乙地，汽车行驶到离甲地 80 千米的 A 处发生故障，修好后以 60 千米/时的速度继续行驶. 以汽车从 A 处驶出的时刻开始计时，设行驶的时间为 t(时)，某人离开甲地所走过的路程为 s(千米)，那么 s 与 t 的函数解析式是什么？

这个问题中，函数解析式是 $s=60t+80$. 它与 $y=120-0.2x$ 的一个共同点是：用来表示函数的式子都是关于自变量(指表示自变量的字母)的一次整式.

一般地，解析式形如 $y=kx+b$(k、b 是常数，且 $k\neq 0$)的函数叫做**一次函数**(linear function).

一次函数 $y=kx+b$ 的定义域是一切实数.

当 $b=0$ 时，解析式 $y=kx+b$ 就成为 $y=kx$(k 是常数，且 $k\neq 0$)，这时 y 是 x 的正比例函数. 所以，正比例函数是一次函数的特例.

当一个函数以解析式表示时，如果对函数的定义域未加说明，那么定义域由这个函数的解析式确定；否则，应指明函数的定义域.

例题1　根据变量 x、y 的关系式，判断 y 是否是 x 的一次函数.

(1) $y=2x$；　　(2) $y=1-\frac{1}{2}x$；

(3) $x-\frac{1}{3}y=2$；　　(4) $y=\frac{2}{x}+3$.

解　(1) 因为 y 是 x 的正比例函数，所以 y 是 x 的一次函数.

(2) 因为 $1-\frac{1}{2}x$ 是一次整式，所以 y 是 x 的一次函数.

(3) 由 $x-\frac{1}{3}y=2$，得 $y=3x-6$. 因为 $3x-6$ 是一次整式，所以 y 是 x 的一次函数.

(4) 因为$\frac{2}{x}+3$不是整式，所以 y 不是 x 的一次函数.

例题2 已知一个一次函数，当自变量 $x=2$ 时，函数值 $y=-1$；当 $x=5$ 时，$y=8$. 求这个函数的解析式.

解 设所求一次函数的解析式为 $y=kx+b$.

由 $x=2$ 时 $y=-1$，得

$$-1=2k+b;$$

由 $x=5$ 时 $y=8$，得

$$8=5k+b.$$

解二元一次方程组$\begin{cases}2k+b=-1,\\5k+b=8,\end{cases}$

得
$$\begin{cases}k=3,\\b=-7.\end{cases}$$

所以，这个一次函数的解析式是 $y=3x-7$.

> 这里求一次函数解析式的方法是待定系数法. 解析式中 k、b 是待定系数，利用两个已知条件列出关于 k、b 的方程组再求解，可确定它们的值.

例题3 已知变量 x、y 之间的关系式是 $y=(a+1)x+a$（其中 a 是常数），那么 y 是 x 的一次函数吗？

解 当 $a+1\neq 0$，即 $a\neq -1$ 时，$(a+1)x+a$ 是关于 x 的一次整式，这时 y 是 x 的一次函数；

当 $a=-1$ 时，得 $y=-1$，这时 y 不是 x 的一次函数.

> “$y=-1$”表示：不论 x 的值怎样变化，y 的值总是 -1. 这时，我们仍然认为 y 与 x 之间有确定的依赖关系，并说 y 是 x 的函数.

一般地，我们把函数 $y=c$（c 为常数）叫做**常值函数**（constant function）. 它的自变量由所讨论的问题确定.

如 $y=-1$，$y=\pi$，$f(x)=\sqrt{2}$等，均为常值函数；其中，$f(x)=\sqrt{2}$已指出自变量为 x.

练习 20.1

1. （口答）下列函数中，哪些是一次函数？

(1) $y=\frac{1}{x}+1$；　　(2) $y=-2x$；

(3) $y=x^2+2$；　　(4) $y=kx+b$（k、b 是常数）.

2. 已知一次函数 $f(x)=\frac{1}{2}x-2$.

(1) 求 $f(-1)$，$f(2)$；

(2) 如果 $f(a)=4$，求实数 a 的值.

3. 已知一个一次函数，当自变量 $x=-3$ 时，函数值 $y=11$；当 $x=5$ 时，$y=-5$. 求这个函数的解析式.

第二节　一次函数的图像与性质

20.2　一次函数的图像

我们知道，正比例函数是特殊的一次函数，它的图像是一条直线. 那么，一次函数的图像都是直线吗?

操作

在平面直角坐标系 xOy 中，按照下列步骤画一次函数 $y=\frac{1}{2}x+3$ 的图像.

描点法是画函数图像的基本方法.

(1) 列表：取自变量 x 的一些值，计算出相应的函数值 y，如下表：

x	…	-4	-3	-2	-1	0	1	2	3	4	…
$y=\frac{1}{2}x+3$	…	1	$\frac{3}{2}$	2	$\frac{5}{2}$	3	$\frac{7}{2}$	4	$\frac{9}{2}$	5	…

(2) 描点：分别以所取 x 的值和相应的函数值 y 作为点的横坐标和纵坐标，描出这些坐标所对应的点.

(3) 连线：用光滑的曲线(包括直线)把描出的这些点联结起来.

如同画正比例函数的图像一样，得到函数 $y=\frac{1}{2}x+3$ 的图像是一条直线. 如图 20－1 所示.

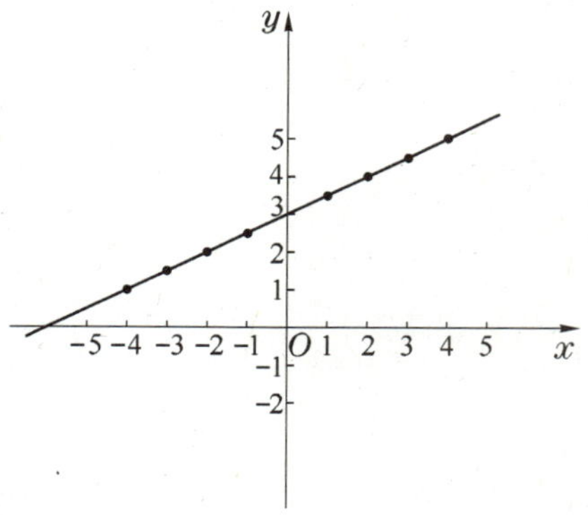

图 20－1

一般地，一次函数 $y=kx+b$(k、b 是常数，且 $k\neq 0$)的图像是一条直线. 一次函数 $y=kx+b$ 的图像也称为直线 $y=kx+b$，这时，我们把一次函数的解析式 $y=kx+b$ 称为这一直线的表达式.

画一次函数 $y=kx+b$ 的图像时，只需描出图像上的两个点，然后过这两点作一条直线.

例题1 在平面直角坐标系 xOy 中，画一次函数 $y=\frac{2}{3}x-2$ 的图像.

解 由 $y=\frac{2}{3}x-2$ 可知，当 $x=0$ 时，$y=-2$；当 $x=3$ 时，$y=0$. 所以 $A(0,-2)$、$B(3,0)$ 是函数 $y=\frac{2}{3}x-2$ 的图像上的两点.

过点 A、B 画直线，则直线 AB 就是函数 $y=\frac{2}{3}x-2$ 的图像. 如图 20—2 所示.

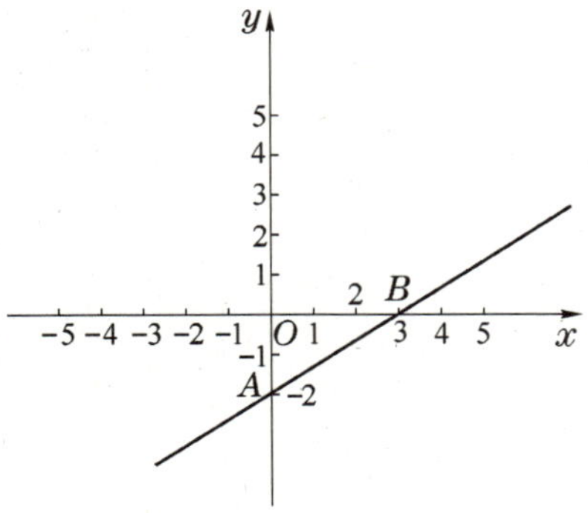

图 20—2

图 20—2 中，由点 A 的横坐标 $x=0$，可知点 A 在 y 轴上；由点 B 的纵坐标 $y=0$，可知点 B 在 x 轴上. 又点 A、B 在直线 $y=\frac{2}{3}x-2$ 上，所以点 A、B 是直线 $y=\frac{2}{3}x-2$ 分别与 y 轴、x 轴的交点.

> 画直线 $y=kx+b$ 时，通常先描出直线与 x 轴、y 轴的交点，本例讲述了求直线与坐标轴交点的方法.

一条直线与 y 轴的交点的纵坐标叫做这条直线在 y 轴上的截距，简称直线的截距.

一般地，直线 $y=kx+b(k\neq 0)$ 与 y 轴的交点坐标是 $(0,b)$. 直线 $y=kx+b(k\neq 0)$ 的截距是 b.

例题2 写出下列直线的截距：

(1) $y=-4x-2$； (2) $y=8x$；

(3) $y=3x-a+1$； (4) $y=(a+2)x+4(a\neq -2)$.

解 (1) 直线 $y=-4x-2$ 的截距是 -2.

(2) 直线 $y=8x$ 的截距是 0.

(3) 直线 $y=3x-a+1$ 的截距是 $-a+1$.

(4) 直线 $y=(a+2)x+4(a\neq -2)$ 的截距是 4.

例题3 已知直线 $y=kx+b$ 经过 $A(-20,5)$、$B(10,20)$ 两点，求：(1) k、b 的值；(2) 这条直线与坐标轴的交点的坐标.

解 (1) 因为直线 $y=kx+b$ 经过点 $A(-20,5)$ 和 $B(10,20)$，所以

$$\begin{cases}-20k+b=5,\\10k+b=20.\end{cases}$$

解这个方程组，得 $\begin{cases}k=\dfrac{1}{2},\\b=15.\end{cases}$

(2) 这条直线的表达式为 $y=\dfrac{1}{2}x+15$.

由 $y=\dfrac{1}{2}x+15$，令 $y=0$，得 $\dfrac{1}{2}x+15=0$，解得 $x=-30$；令 $x=0$，得 $y=15$.

所以，这条直线与 x 轴的交点的坐标为 $(-30,0)$，与 y 轴的交点的坐标为 $(0,15)$.

练习 20.2(1)

1. (口答)说出下列直线的截距：
(1) 直线 $y=\sqrt{3}x+2$； (2) 直线 $y=-2x-\sqrt{5}$； (3) 直线 $y=3x+1-\sqrt{2}$.
2. 在平面直角坐标系 xOy 中，画出函数 $y=-\dfrac{2}{3}x+2$ 的图像，并求这个图像与坐标轴的交点的坐标.
3. 已知直线经过点 $M(3,1)$，截距是 -5，求这条直线的表达式.
4. 已知直线 $y=kx+b$ 经过点 $A(-1,2)$ 和 $B\left(\dfrac{1}{2},3\right)$，求这条直线的截距.

操作

在同一直角坐标系中画出下列直线：

(1) 直线 $y=\dfrac{1}{3}x+2$； (2) 直线 $y=3x+2$；

(3) 直线 $y=-2x+2$； (4) 直线 $y=-\dfrac{1}{3}x+2$.

这四条直线的截距都是 2，可知它们都过点 $M(0,2)$；再由各直线相应的一次函数解析式，可知点 $A(3,3)$、$B(1,5)$、$C(2,-2)$、$D(3,1)$ 分别在(1)、(2)、(3)、(4)所要画出的直线上.

在直角坐标系中，分别描出点 M、A、B、C、D，再画出直线 MA、MB、MC、MD，则直线 MA、MB、MC、MD 依次为(1)、(2)、(3)、(4)

所要求画出的直线，如图 20－3 所示.

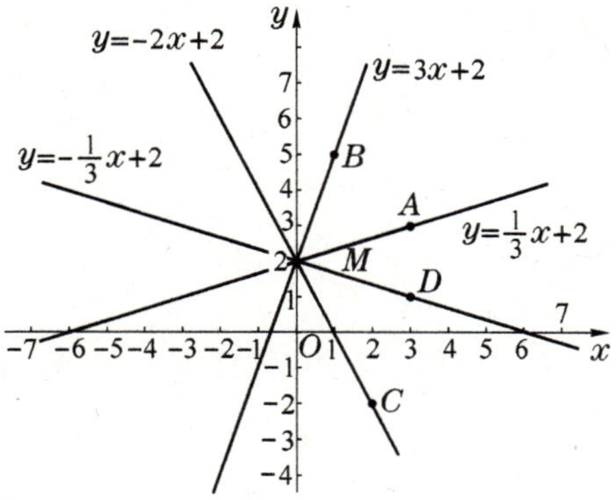

图 20－3

在坐标平面上画直线 $y=kx+b(k\neq 0)$，截距 b 相同的直线经过同一点 $(0,b)$；而由于 k 的值不同，则直线相对于 x 轴正方向的倾斜程度不同. 这个常数 k 称为直线的斜率. 关于斜率的确切定义和几何意义，将在高中数学中讨论.

例题4 在同一直角坐标系中画出直线 $y=-\frac{1}{2}x+2$ 与直线 $y=-\frac{1}{2}x$，并判断这两条直线之间的位置关系.

解 直线 $y=-\frac{1}{2}x+2$ 与 x 轴的交点是 $A(4,0)$，与 y 轴的交点是 $B(0,2)$. 画出直线 AB.

直线 $y=-\frac{1}{2}x$ 过原点 $O(0,0)$ 和点 $C(2,-1)$. 画出直线 OC.

则直线 AB、直线 OC 分别就是直线 $y=-\frac{1}{2}x+2$ 与直线 $y=-\frac{1}{2}x$，如图 20－4 所示.

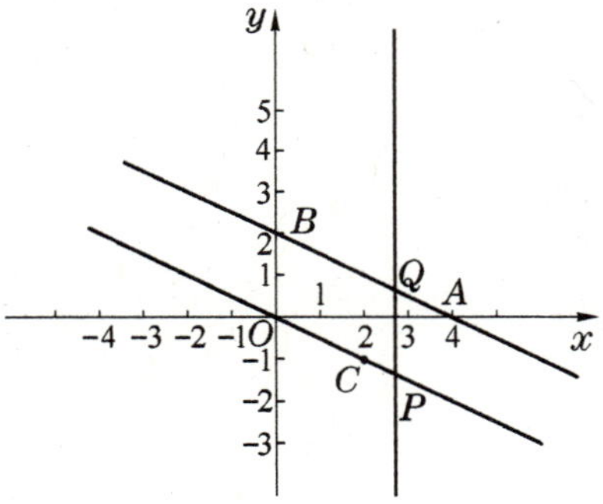

图 20－4

在图 20－4 中，观察点 B 相对于点 O 的位置，可知点 O 向上平移 2 个单位就与点 B 重合.

对于直线 $y=-\frac{1}{2}x$ 上的任意一点 P，设它的坐标为 (x_1,y_1)，则 $y_1=-\frac{1}{2}x_1$. 过点 P 作垂直于 x 轴的直线，与直线 $y=-\frac{1}{2}x+2$ 的交点记为 Q，可知点 Q 与点 P 有相同的横坐标，设点 Q 的坐标为 (x_1,y_2)，则 $y_2=-\frac{1}{2}x_1+2$.

由 $y_2-y_1=\left(-\frac{1}{2}x_1+2\right)-\left(-\frac{1}{2}x_1\right)=2$，可知点 Q 在点 P 上

方且相距 2 个单位，即点 P 向上平移 2 个单位就与点 Q 重合.

要判断直线 $y=-\frac{1}{2}x+2$ 与直线 $y=-\frac{1}{2}x$ 平行，也可在图 20－4 中，过点 A 作 y 轴的平行线 l，设 l 与直线 $y=-\frac{1}{2}x$ 交于点 D，可推出 $\triangle AOB\cong\triangle OAD$，得 $\angle OAB=\angle AOD$.

因为 P 是直线 $y=-\frac{1}{2}x$ 上的任意一点，所以把直线 $y=-\frac{1}{2}x$"向上平移 2 个单位"，就与直线 $y=-\frac{1}{2}x+2$ 重合. 因此，直线 $y=-\frac{1}{2}x+2$ 与直线 $y=-\frac{1}{2}x$ 平行.

一般地，一次函数 $y=kx+b(b\neq 0)$ 的图像可由正比例函数 $y=kx$ 的图像平移得到. 当 $b>0$ 时，向上平移 b 个单位；当 $b<0$ 时，向下平移 $|b|$ 个单位.

还可以进一步得到：

如果 $b_1\neq b_2$，那么直线 $y=kx+b_1$ 与直线 $y=kx+b_2$ 平行.

反过来，如果直线 $y=k_1x+b_1$ 与直线 $y=k_2x+b_2$ 平行，那么 $k_1=k_2$，$b_1\neq b_2$.

可利用直线 $y=kx$ 和平行线的传递性进行说理.

例题5 已知一次函数的图像经过点 $A(2,-1)$，且与直线 $y=\frac{1}{2}x+1$ 平行，求这个函数的解析式.

解 设一次函数的解析式为 $y=kx+b$.

因为直线 $y=kx+b$ 与直线 $y=\frac{1}{2}x+1$ 平行，所以

$$k=\frac{1}{2}.$$

因为直线 $y=kx+b$ 经过点 $A(2,-1)$，又 $k=\frac{1}{2}$，所以

$$\frac{1}{2}\times 2+b=-1.$$

解得 $b=-2$.

所以，这个函数的解析式为 $y=\frac{1}{2}x-2$.

在例题 5 中，采用了待定系数法求函数解析式. 如果一次函数 $y=kx+b$ 中的 k 和 b 都是待定系数，那么要有两个独立的条件才能确定.

练习 20.2(2)

1. 指出下列直线中互相平行的直线：
   ① 直线 $y=5x+1$；　② 直线 $y=-5x+1$；　③ 直线 $y=x+5$；
   ④ 直线 $y=5x-3$；　⑤ 直线 $y=x-3$；　⑥ 直线 $y=-5x+5$.
2. 已知直线 $y=(m-1)x+m$ 与直线 $y=2x+1$ 平行.
   (1) 求 m 的值；
   (2) 求直线 $y=(m-1)x+m$ 与 x 轴的交点坐标.
3. 已知一次函数的图像经过点 $M(-3,2)$，且平行于直线 $y=4x-1$.
   (1) 求这个函数的解析式；
   (2) 求这个函数图像与坐标轴围成的三角形的面积.

对于一次函数 $y=kx+b$，由它的函数值 $y=0$ 就得到关于 x 的一元一次方程 $kx+b=0$，解这个方程得 $x=-\frac{b}{k}$，于是可以知道一次函数 $y=kx+b$ 的图像与 x 轴的交点坐标为 $\left(-\frac{b}{k},0\right)$. 反之，若已知一次函数 $y=kx+b$ 的图像与 x 轴的交点坐标，也可以知道这个交点的横坐标是一元一次方程 $kx+b=0$ 的根. 由此可见，关于 x 的一元一次方程 $kx+b=0$ 与一次函数 $y=kx+b$ 之间有密切联系.

现在我们来讨论一元一次不等式与一次函数之间的关系.

问题1

如图 20—5，已知直线 l 经过点 $A(0,-1)$ 和 $B(2,0)$，那么直线 l 在 x 轴上方的点的横坐标的取值范围是什么？在 x 轴下方的点呢？

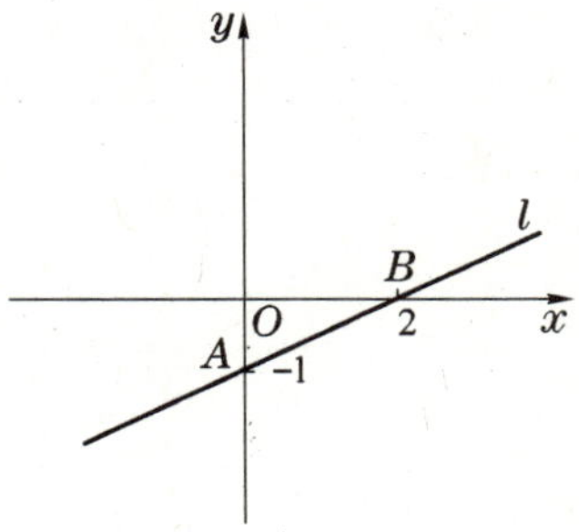

图 20—5

观察图 20—5，可见在直线 l 上且位于 x 轴上方的点，它们的横坐标的取值范围是 $x>2$；而在直线 l 上且位于 x 轴下方的点，它们的横坐标的取值范围是 $x<2$.

我们换一个角度来讨论问题 1.

由直线 l 经过点 $(0,-1)$ 和点 $(2,0)$ 可知，以直线 l 为图像的一次函数解析式为　　$y=\frac{1}{2}x-1$.

设直线 l 上的点的坐标为 (x,y)，那么 $y=\frac{1}{2}x-1$.

在直线 l 上且位于 x 轴上方的点的纵坐标 $y>0$，也就是

$$\frac{1}{2}x-1>0.$$

解这个不等式，得　　$x>2$.

在直线 l 上且位于 x 轴下方的点的纵坐标 $y<0$，也就是

$$\frac{1}{2}x-1<0.$$

解这个不等式，得　　$x<2$.

所以，直线 l 在 x 轴上方的点的横坐标的取值范围是 $x>2$，在 x 轴下方的点的横坐标的取值范围是 $x<2$.

问题2

关于 x 的一元一次不等式 $kx+b>0$、$kx+b<0$ 与一次函数 $y=kx+b$ 之间有什么关系？

由一次函数 $y=kx+b$ 的函数值 y 大于 0(或小于 0),就得到关于 x 的一元一次不等式 $kx+b>0$(或 $kx+b<0$). 在一次函数 $y=kx+b$ 的图像上且位于 x 轴上方(或下方)的所有点,它们的横坐标的取值范围就是不等式 $kx+b>0$(或 $kx+b<0$)的解集.

例题6 已知函数 $y=\frac{2}{3}x+1$.

(1) 当 x 取何值时,函数值 $y=5$?

(2) 当 x 取何值时,函数值 $y>5$?

(3) 在平面直角坐标系 xOy 中,在直线 $y=\frac{2}{3}x+1$ 上且位于 x 轴下方的所有点,它们的横坐标的取值范围是什么?

解 (1) 要使函数 $y=\frac{2}{3}x+1$ 的值 $y=5$,只要使 $\frac{2}{3}x+1=5$.

解方程 $\frac{2}{3}x+1=5$,得 $x=6$.

所以,当 $x=6$ 时,函数值 $y=5$.

(2) 要使函数 $y=\frac{2}{3}x+1$ 的值 $y>5$,只要使 $\frac{2}{3}x+1>5$.

解不等式 $\frac{2}{3}x+1>5$,得 $x>6$.

所以,当 $x>6$ 时,函数值 $y>5$.

(3) 因为所求的点在直线 $y=\frac{2}{3}x+1$ 上且位于 x 轴下方,所以它们的纵坐标 y 应小于零,得 $\frac{2}{3}x+1<0$. 解得 $x<-\frac{3}{2}$.

所以,所有这样的点的横坐标的取值范围是小于 $-\frac{3}{2}$ 的一切实数.

对例题 6 进一步分析,如图 20-6 所示,在直线 $y=\frac{2}{3}x+1$ 上,$M(6,5)$ 是以题(1)中所得的 x 的值为横坐标的点,以题(2)所得的 x 的值为横坐标的点都位于这条直线上点 M 朝上一侧.

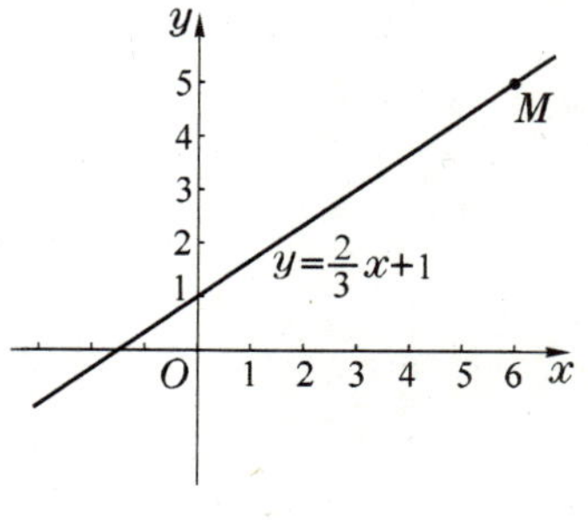

图 20-6

练习 20.2(3)

1. 已知一次函数解析式是 $y=3x+2$.
   (1) 当 x 取何值时,$y=1$?
   (2) 当 x 取何值时,$y>1$?
   (3) 当 x 取何值时,$y<1$?
2. 如图,已知一次函数 $y=kx+b$ 的图像经过点 $A(-3,0)$ 和 $B(0,-2)$.
   (1) 求这个函数解析式;
   (2) 当 x 取何值时,$y>-2$?
3. 已知一次函数解析式为 $y=-\frac{1}{2}x+3$,求在这个一次函数图像上且位于 x 轴上方的所有点的横坐标的取值范围.

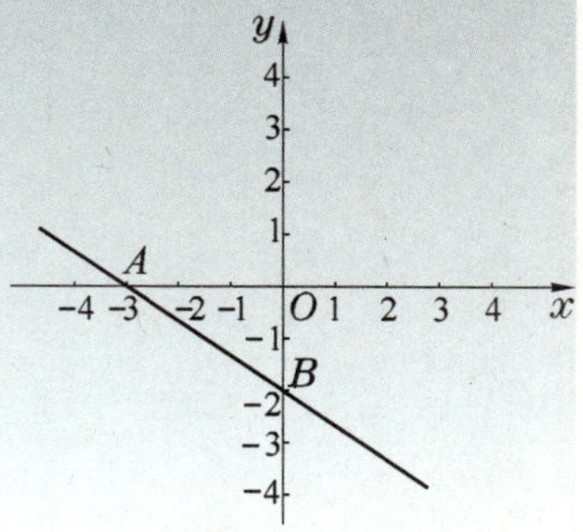

(第 2 题)

20.3　一次函数的性质

一个函数描述了变量之间相互依赖的变化规律.那么,以 x 为自变量的一次函数 $y=kx+b$ 所反映的变化过程有什么特点呢?

观察与思考

函数 $y=2x+5$ 与函数 $y=-2x+5$ 的图像如图 20—7 所示.观察图像并分析:顺着 x 轴正方向看,这两个图像是上升还是下降?当自变量 x 的值逐渐增大时,函数值随之怎样变化?

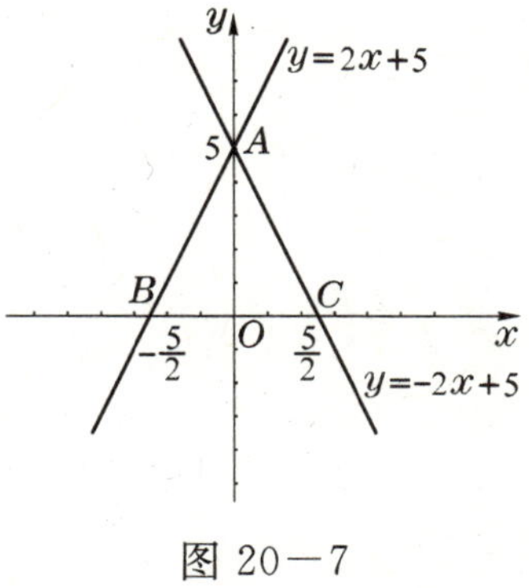

图 20—7

顺着 x 轴正方向看,直线 $y=2x+5$ 是上升的,可知函数 $y=2x+5$ 当自变量 x 的值逐渐增大时,函数值 y 随之增大;直线 $y=-2x+5$ 是下降的,可知函数 $y=-2x+5$ 当自变量 x 的值逐渐增大时,函数值 y 随之减小.

再对图 20—1、图 20—2、图 20—3 及图 20—4 等进行同样的观察,顺着 x 轴正方向看,直线 $y=kx+b$(k、b 为常数,$k\neq0$)是上升还是下降与 k 所取值的正负有关.

一般来说,一次函数 $y=kx+b$(k、b 为常数,$k\neq0$)具有以下性质:

当 $k>0$ 时,函数值 y 随自变量 x 的值增大而增大;

当 $k<0$ 时,函数值 y 随自变量 x 的值增大而减小.

正比例函数是特殊的一次函数,它的性质与一次函数的性质是一致的.

例题1 已知一次函数 $y=kx+2$ 的图像经过点 $A(-1,1)$.

(1) 求常数 k 的值;

(2) 当自变量 x 的值逐渐增大时,函数值 y 随之增大还是减小?

解 (1) 因为一次函数 $y=kx+2$ 的图像经过点 $A(-1,1)$,

所以 $1=-k+2$.

解得 $k=1$.

(2) 因为 $k>0$,所以函数值 y 随自变量 x 的值增大而增大.

例题2 已知一次函数 $y=(1-2m)x+m+1$,函数值 y 随自变量 x 的值增大而减小.

(1) 求 m 的取值范围;

(2) 在平面直角坐标系 xOy 中,这个函数的图像与 y 轴的交点 M 位于 y 轴的正半轴还是负半轴?

解 (1) 由已知条件,得 $1-2m<0$. 解得 $m>\frac{1}{2}$.

所以,m 的取值范围是大于 $\frac{1}{2}$ 的一切实数.

(2) 直线 $y=(1-2m)x+m+1$ 在 y 轴上的截距是 $m+1$,可知这条直线与 y 轴交点 M 的坐标是 $(0,m+1)$.

由 $m>\frac{1}{2}$,得 $m+1>\frac{3}{2}$,可知点 $M(0,m+1)$ 在 y 轴的正半轴上(如图 20－8 所示).

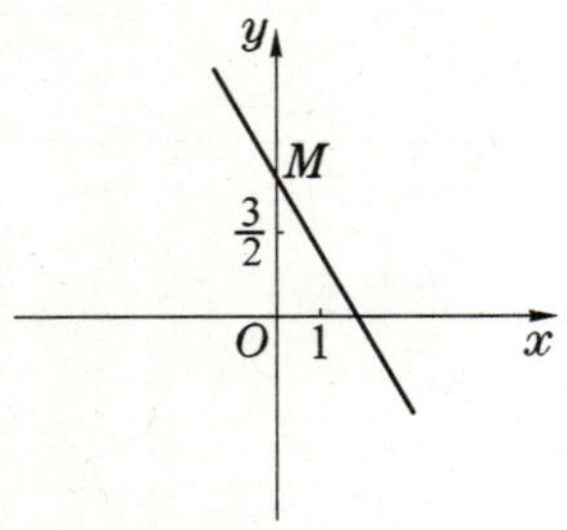

图 20－8

点 $M(0,m+1)$ 在 y 轴的正半轴上且位于坐标为 $\left(0,\frac{3}{2}\right)$ 的点的上方.

例题3 已知点 $A(-1,a)$ 和 $B(1,b)$ 在函数 $y=-\frac{2}{3}x+m$ 的图像上,试比较 a 与 b 的大小.

解 在函数解析式 $y=-\frac{2}{3}x+m$ 中,$k=-\frac{2}{3}$,可知函数值 y 随 x 的值增大而减小.

因为点 $A(-1,a)$ 和 $B(1,b)$ 在这个函数的图像上,所以当 x 分别取 -1、1 时,对应的函数值分别为 a、b.

由 $-1<1$,得 $a>b$.

想一想

在例题 3 中,还有其他方法比较 a 与 b 的大小吗?

练习 20.3(1)

1. 如果一次函数 $y=(k+2)x+1$ 的函数值 y 随 x 的值增大而减小，那么 k 的取值范围是 （　　）

   (A) $k>2$；　(B) $k<2$；　(C) $k>-2$；　(D) $k<-2$.

2. 已知函数：① $y=-3x+1$；② $y=2x$；③ $y=x-1$；④ $y=\frac{1}{5}x-5$. 在这些函数中，函数值 y 随自变量 x 的值增大而增大的函数有____________.

3. 已知函数 $y=(m-2)x+m$（m 是常数）.

   (1) 当 m 取何值时，函数值 y 随 x 的值增大而增大？

   (2) 当 m 取何值时，函数值 y 随 x 的值增大而减小？

例题4　已知一次函数 $y=kx+b(b\neq0)$ 的图像是与直线 $y=4x$ 平行的直线.

(1) 随着自变量 x 的值的增大，函数值 y 增大还是减小？

(2) 直线 $y=kx+2$ 经过哪几个象限？

(3) 直线 $y=kx+b(b\neq0)$ 经过哪几个象限？

解　(1) 因为直线 $y=kx+b(b\neq0)$ 与直线 $y=4x$ 平行，所以 $k=4$，这个一次函数的解析式为 $y=4x+b(b\neq0)$.

由 $k>0$ 可知，函数值 y 随着自变量 x 的值的增大而增大.

(2) 直线 $y=4x+2$ 过点 $M(0,2)$，即与 y 轴交于正半轴. 因为直线 $y=4x+2$ 与直线 $y=4x$ 平行，而直线 $y=4x$ 经过原点和第一、三象限，所以直线 $y=4x+2$ 经过第一、二、三象限.

(3) 直线 $y=4x+b(b\neq0)$ 过点 $P(0,b)$，与直线 $y=4x$ 平行. 如图 20－9 所示.

当 $b>0$ 时，点 $P(0,b)$ 在 y 轴的正半轴上，可知这时直线 $y=4x+b$ 经过第一、二、三象限；

当 $b<0$ 时，点 $P(0,b)$ 在 y 轴的负半轴上，可知这时直线 $y=4x+b$ 经过第一、三、四象限.

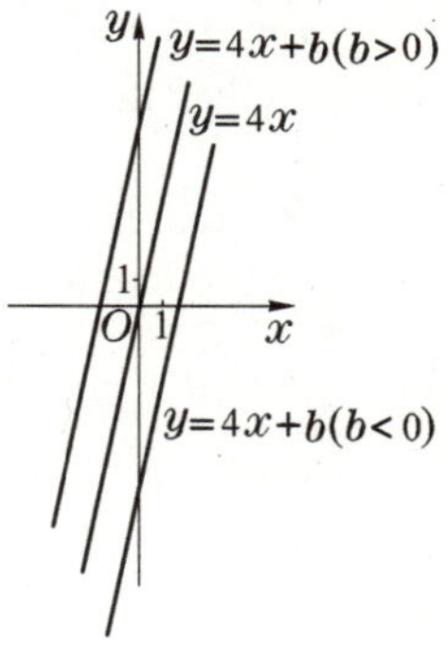

图 20－9

议一议

在平面直角坐标系 xOy 中，直线 $y=kx+b(k\neq0,b\neq0)$ 的位置与 k、b 的符号有什么关系？

直线 $y=kx+b(k\neq0,b\neq0)$ 过点 $(0,b)$ 且与直线 $y=kx$ 平行. 由直线 $y=kx$ 在直角坐标平面内的位置情况（如图 20－10）可知：

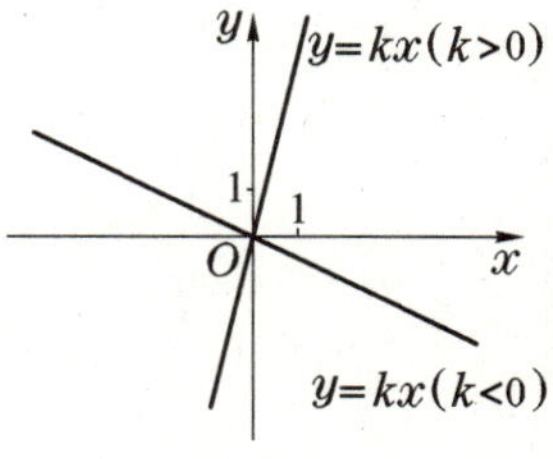

图 20－10

当 $k>0$，且 $b>0$ 时，直线 $y=kx+b$ 经过第一、二、三象限；

当 $k>0$，且 $b<0$ 时，直线 $y=kx+b$ 经过第一、三、四象限；

当 $k<0$，且 $b>0$ 时，直线 $y=kx+b$ 经过第一、二、四象限；

当 $k<0$，且 $b<0$ 时，直线 $y=kx+b$ 经过第二、三、四象限.

把上述判断反过来叙述，也是正确的.

例题5 已知一次函数 $y=(2-a)x-3$ 的函数值 y 随着自变量 x 的值增大而增大.

(1) 求实数 a 的取值范围；

(2) 指出这个函数的图像所经过的象限.

解 (1) 因为函数值 y 随 x 的值增大而增大，所以 $2-a>0$，得 $a<2$.

所以 a 的取值范围是 $a<2$.

(2) 在这个一次函数的解析式中，因为一次项系数 $2-a>0$，截距 $-3<0$，所以这个函数的图像经过第一、三、四象限.

练习 20.3(2)

1. 如果一次函数 $y=kx+b$ 的图像如图所示，那么 (　　)

   (A) $k<0$，且 $b>0$；　(B) $k>0$，且 $b<0$；

   (C) $k<0$，且 $b<0$；　(D) $k>0$，且 $b>0$.

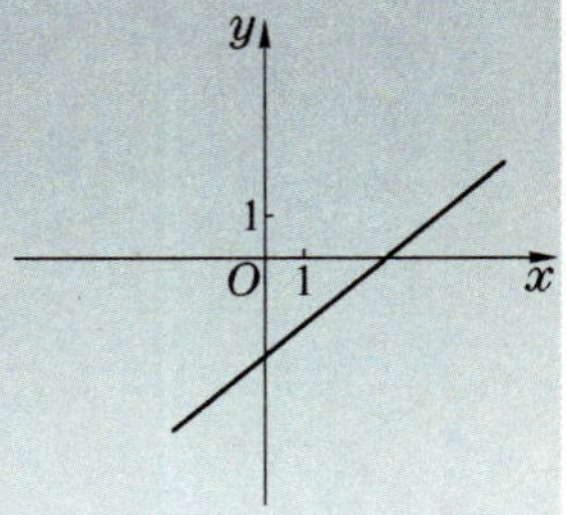

(第 1 题)

2. 直线 $y=2x+1$ 的截距等于________；这条直线不经过第________象限.

3. 已知直线 $y=(1-3m)x+(2m-1)$. 分别根据下列条件求 m 的值或 m 的取值范围：

   (1) 这条直线经过原点；

   (2) 这条直线与已知直线 $y=-3x+5$ 平行；

   (3) 这条直线经过第二、三、四象限.

第三节　一次函数的应用

20.4　一次函数的应用

一次函数在现实生活中有广泛的应用，现在我们利用一次函数来解决一些简单的实际问题.

例题1　某市为鼓励市民节约用水和加强对节水的管理，制定了以下每月每户用水的收费标准：

(1) 用水量不超过 8 立方米时，每立方米收费 0.8 元，并加收每立方米 0.2 元的污水处理费；

(2) 用水量超过 8 立方米时，在(1)的基础上，超过 8 立方米的部分，每立方米收费 1.6 元，并加收每立方米 0.4 元的污水处理费.

设某户一个月的用水量为 x 立方米，应交水费 y 元. 试分别对(1)、(2)两种情况，写出 y 关于 x 的函数解析式，并指出函数的定义域.

分析　根据收费标准，在(1)的情况下，$0 \leqslant x \leqslant 8$，这时每立方米应收费 $0.8+0.2=1$(元)，故 $y=(0.8+0.2)\cdot x=x$.

在(2)的情况下，$x>8$，这时，有 8 立方米的用水按(1)应收费 8 元；超过 8 立方米的部分每立方米水收费 $1.6+0.4=2$(元)，应收费 $2(x-8)$(元)，故 $y=8+2(x-8)=2x-8$.

解　(1) y 关于 x 的函数解析式是 $y=x$，函数的定义域为 $0 \leqslant x \leqslant 8$.

(2) y 关于 x 的函数解析式是 $y=2x-8$，函数的定义域为 $x>8$.

函数 $y=x(0 \leqslant x \leqslant 8)$ 和函数 $y=2x-8(x>8)$，它们的定义域是部分实数，图像分别如图 20－11(1)、(2)所示.

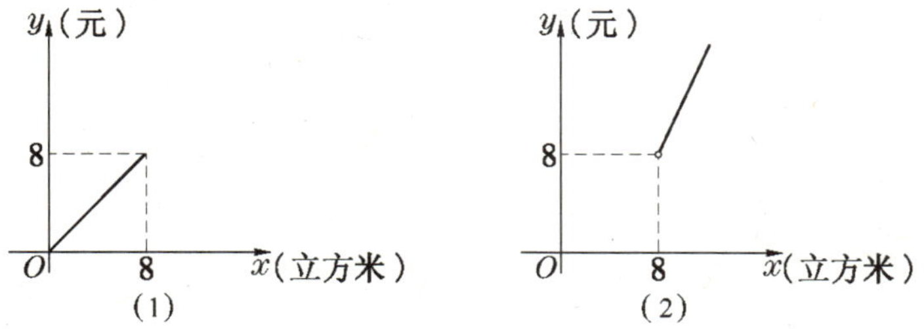

图 20－11

> 函数 $y=x(0 \leqslant x \leqslant 8)$ 的图像是一条线段；函数 $y=2x-8(x>8)$ 的图像是一条射线(除端点外).

我们再来讨论本章开始时提出的某地区沙漠面积预测问题.

$y=ax+100.6$ 是描述这个实际问题的函数模型. 求出常数 a 后, 根据函数解析式可以预测未来某一年的沙漠面积.

本题也可以这样解:

以 1999 年为第 1 年, 设第 x 年的沙漠面积为 y 万公顷, 则

$$y=kx+b.$$

再由 $x=0$ 时 $y=100.6$, $x=3$ 时 $y=101.2$, 确定 k、b 的值; 然后求解.

例题2 据报道, 某地区从 1995 年底开始, 每年增加的沙漠面积几乎相同, 1998 年该地区的沙漠面积约 100.6 万公顷, 2001 年扩展到 101.2 万公顷, 如果不进行有效的治理, 试估计到 2020 年该地区的沙漠面积.

解 设该地区每年增长的沙漠面积为 a 万公顷, 以 1999 年为第 1 年, 第 x 年的沙漠面积为 y 万公顷, 那么 y 与 x 之间的函数关系为 $y=ax+100.6$.

2001 年是第 3 年, 当 $x=3$ 时, $y=101.2$(万公顷), 即

$$101.2=3a+100.6.$$

解得 $a=0.2$.

所以 $y=0.2x+100.6$.

2020 年是第 22 年, 当 $x=22$ 时,

$$y=0.2\times22+100.6=105.$$

答: 估计到 2020 年该地区的沙漠面积为 105 万公顷.

练习 20.4(1)

1. 某种储蓄的月利率是 0.2%. 如果存入 1 000 元本金, 不考虑利息税, 且不计复利, 求本息和(本金与利息之和) y(元)与所存月数 x 之间的函数解析式, 并计算 6 个月后的本息和.
2. 某长途汽车运输公司对乘客携带行李作如下规定: 一个乘客可免费携带 30 千克行李, 如果超过 30 千克, 那么超过部分每千克收行李费 1 元. 设一个乘客的行李重量为 x 千克($x>30$), 试写出行李费 y(元)关于行李重量 x(千克)的函数解析式及定义域, 并画出函数图像.
3. 已知某汽车油箱中的剩余油量 y(升)与该汽车行驶里程数 x(千米)是一次函数关系. 当汽车加满油后, 行驶 200 千米, 油箱中还剩油 126 升; 行驶 250 千米, 油箱中还剩油 120 升. 这辆汽车加满油最多能行驶多少千米?

在实际生活中, 运用一次函数的知识还可以帮助我们分析和处理一些较为复杂的问题.

问题1

已知弹簧在一定限度内, 它的长度 y(厘米)与所挂重物质量 x(千克)是一次函数关系. 如果有一根弹簧、一把刻度尺和一个质量为 2.5 千克的物体(在弹性限度内), 你能用这根弹簧制作一把简单的弹簧秤吗?

制作弹簧秤的关键是要确定弹簧长度与所挂重物质量之间的函数解析式. 有了一把刻度尺, 我们可以量出弹簧不挂重物时的长度, 又可以量出弹簧挂上 2.5 千克重物时的长度. 也就是知道了两

组自变量的值与对应函数值，这样就可以确定这个函数解析式.

试一试

如果经过测量，不挂重物时弹簧长度是6（厘米），挂上2.5千克重物时弹簧长度是7.5（厘米），那么弹簧长度y（厘米）与所挂重物的质量x（千克）的函数解析式是________.

如果挂了一个重物时量出弹簧长度是7（厘米），那么这个重物的质量是________千克.

问题2

一家公司招聘销售员，给出以下两种薪金方案供求职人员选择：
方案甲：每月的底薪为1 500元，再加每月销售额的10%；
方案乙：每月的底薪为750元，再加每月销售额的20%.
如果你是应聘人员，你认为应该选择怎样的薪金方案？

我们先列出在这两种方案中，月薪y（元）与月销售额x（元）的函数关系：

方案甲：$y=1\,500+\frac{1}{10}x(x\geqslant 0)$；

方案乙：$y=750+\frac{1}{5}x(x\geqslant 0)$.

由此可见，月薪的高低取决于销售额的大小.

再计算销售额x为多少时，这两种方案所定的月薪相同：

解方程组 $\begin{cases}y=1\,500+\frac{1}{10}x,\\ y=750+\frac{1}{5}x,\end{cases}$ 得 $\begin{cases}x=7\,500,\\ y=2\,250.\end{cases}$

可知，当销售额为7 500元时，这两种方案所定的月薪相同.

如果销售额不是7 500元，那么可对这两种方案所定月薪的高低作比较：

在同一直角坐标系中画出两种方案中y关于x的函数图像，如图20－12.

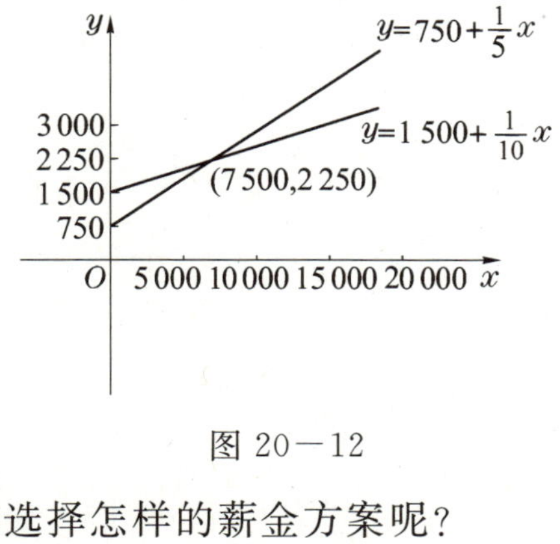

图20－12

想一想，应该选择怎样的薪金方案呢？

练习 20.4(2)

1. 张先生准备租一处临街房屋开一家电脑公司. 现有甲乙两家房屋出租，甲屋已装修好，每月租金 3000 元；乙屋没有装修，每月租金 2000 元，但要装修成甲屋的模样，需要花费 4 万元. 如果你是张先生，你该如何选择？

2. 某公司急需用车，但暂时无力购买，于是准备与出租车公司签订租车合同. 以每月行驶 x 千米计算，甲出租车公司的月租车费用是 y_1 元，乙出租车公司的月租车费用是 y_2 元，如果 $y_1=f(x)$、$y_2=g(x)$，这两个函数的图像如图所示，那么：

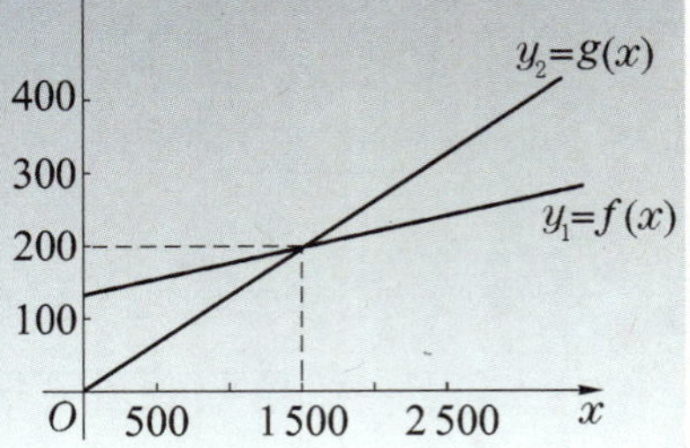

（第 2 题）

(1) 每月行驶多少路程时，两家公司的租车费用相同？

(2) 每月行驶多少路程时，租用甲公司的车合算？

(3) 如果每月用车的路程约为 2 300 千米，那么租用哪家的车合算？

本章小结

在学习了函数的概念和正比例函数的基础上，我们在本章学习了一次函数，重点是关于一次函数的概念、图像、性质以及应用.

一次函数的表达式是关于自变量（变元）的一次整式. 定义域为一切实数的一次函数的图像是与坐标轴不平行的一条直线. 解析式 $y=kx+b$（k、b 是常数，$k\neq0$）与直线 $y=kx+b$，分别从数与形两个侧面揭示了一次函数的特征，是一次函数的两种不同表示形式. 数与形相结合，使我们对一次函数的认识更加清晰，更加深刻. 借助图像的直观，函数 y 的值随着 x 的值的变化而变化的趋势简明呈现. 我们利用图像研究了函数的性质，在理解和应用函数时，也应“心中有图”.

在函数思想的引导下，我们看到了一元一次方程、一元一次不等式与一次函数之间的联系；在一次函数的图像上，我们重新认识了一元一次方程的根和一元一次不等式的解集. 我们可以从中感受到，抓住方程、不等式和函数的联系，既为研究函数增添了活力，又为解方程和不等式拓宽了思路，所学的知识在此融会贯通. 在一次函数的应用中，我们进一步体会到，用函数的思想和方法去分析问题，不仅能够全面认识事物运动变化的过程，而且可以合理预测事物变化发展的趋势，从而理智地处理问题，正确地解决问题. 由此可见，学习和研究函数，对我们理解和掌握数学知识，提高解决实际问题能力，具有重要的意义.

本章知识结构图如下：

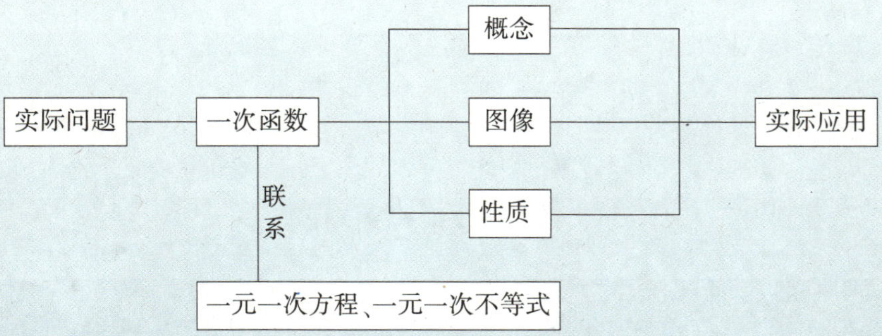

20

阅读材料

直线型经验公式

一定质量的气体，在体积不变的情况下，压强随温度的变化而变化. 压强 P(千帕)与温度 t(℃)之间具有一次函数关系：$P=kt+b$(k、b 是常数，与气体种类相关).

小强决定通过实验来探求某种气体相关的常数 k 与 b，从而确定这个函数的解析式.

小强知道，从理论上讲，只要采集两组数据，就可以确定 k 与 b 的值. 为了减小实验误差对 k 与 b 产生的影响，他决定多采集几组数据. 以下是小强采集的实验数据：

t(℃)	0	10	20	30	40	50
P(千帕)	99	106	113	118	123	131

该选取哪两组数据来解决问题呢？

小强运用所学的函数知识，考虑借助于图像来分析. 于是，他在直角坐标系中将上述六组数据所对应的六个点描出，如图 20－13 所示. 观察这六个点，它们不在同一条直线上，这是实验误差所造成的. 小强一时不知如何是好.

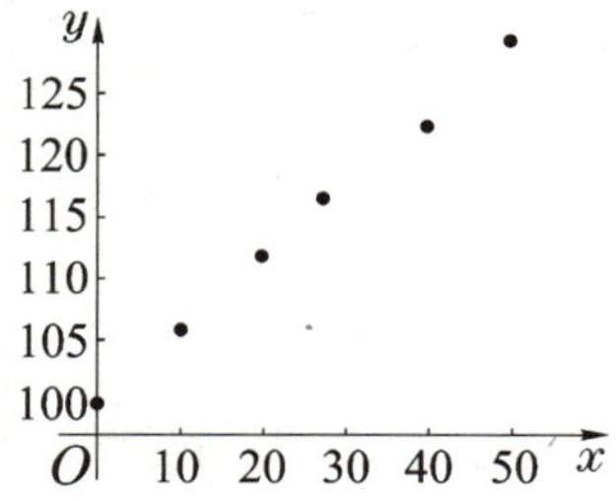

图 20－13

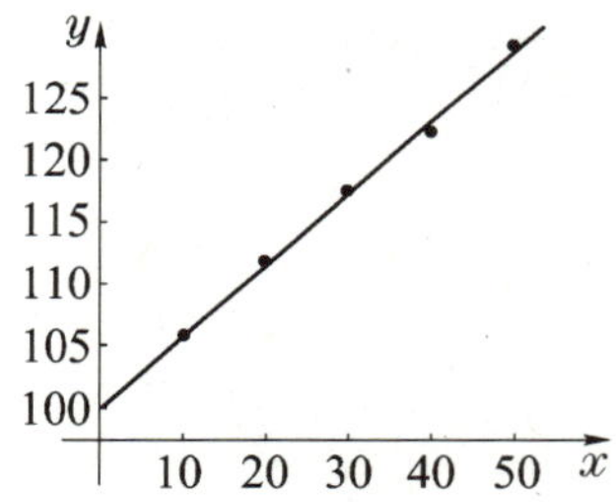

图 20－14

以下是一种常用的处理方法.

(1) 画一条直线，使得所描出的点尽可能均匀地分布在这一直线的两侧或在直线上，如图 20－14 所示.

(2) 如果有两个点在直线上，那么就由这两个点的坐标确定这一直线所表示的一次函数的解析式；如果没有两个点在所画直线上，那么就在直线上选取两个点，先估算这两点的坐标，再确定这一直线所表示的一次函数的解析式.

采用这种方法所求出的函数解析式，通常称为直线型经验公式.

据此，可求出上述问题的一个直线型经验公式.

请你与小强一起来解决这个问题吧.

Daishu Fangcheng

21 第二十一章 代数方程

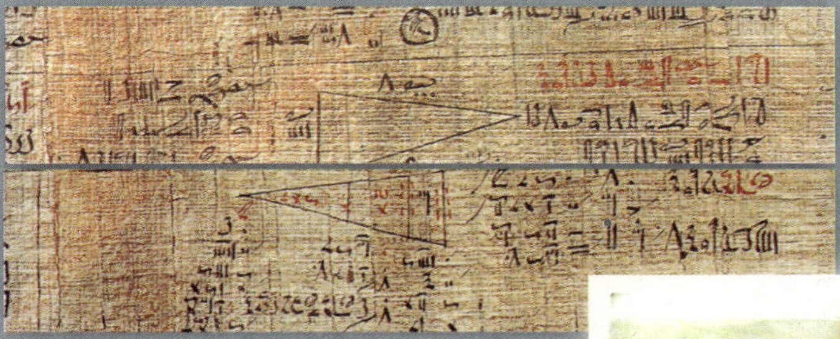

古埃及纸草书图案

巴比伦泥板图案

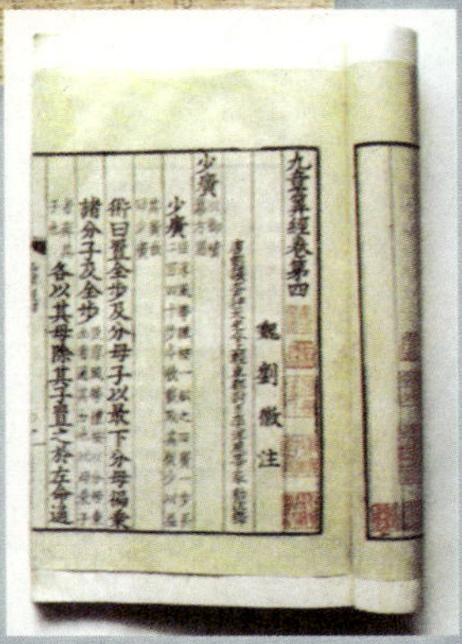

《九章算术》图案

人类对代数方程的研究源远流长. 古埃及的纸草书和巴比伦的泥板书中,已有一元方程、二次方程及某些一元三次方程解法的记载;在我国,东汉初年编成的《九章算术》中有“方程”章,收集了一元一次、二次、三次方程及二元、三元直至五元方程组的算题,精妙的算法显现特色、流传后世.

随着时间的推移, 代数方程的理论不断得到丰富和完善,它的应用越来越广泛.现在的初等代数,以方程为中心内容;计算机中有方程模块,用以处理大量的、各种各样的方程.

在本章, 我们将把对方程的研讨由低次方程扩展到高次方程,由有理方程扩展到无理方程,探究特殊的一元高次方程和简单的无理方程以及二元二次方程组的解法,并把它们应用于解决实际问题.这些内容既是我们以前所学的数、式、方程等知识的综合运用和巩固发展,是进一步学习数学和其他学科的基础,又为解决实际问题充实了必要的数学知识和重要的方法.

第一节　整式方程

21.1　一元整式方程

我们已经学习过一元一次方程和一元二次方程的有关概念以及解方程的基本方法和步骤.

例如,方程 $3x=\frac{1}{2}x+1$、$x^2+4x-12=0$,它们含未知数 x 的项的系数以及常数项都是数字.这样的数字系数方程,很容易辨别它们分别是一元一次方程和一元二次方程;也会选用适当的方法,求出它们的解.

下面我们进一步扩展方程的有关知识.

问题 1

解下列问题时所列出的方程属于哪一种类型?

(1) 买 a(a 是正整数)本同样的练习本共需 12 元钱,求练习本的单价;

(2) 一个正方形的面积的 b($b>0$)倍等于 $2s$(平方单位),求这个正方形的边长.

对于问题(1),设练习本的单价是 x 元,根据题意可列出方程

$$ax=12\ (a\text{ 是正整数}).\qquad ①$$

在方程①中,x 是未知数,a 是用字母表示的已知数.于是,在项 ax 中,字母 a 是项的系数,我们把 a 叫做**字母系数**.这个方程是含字母系数的一元一次方程.

对于问题(2),如果设这个正方形的边长是 x,那么所列出的方程是

$$bx^2=2s\ (b>0).\qquad ②$$

在方程②中,x 是未知数,b 和 s 是用字母表示的已知数.同样地,字母 b 是字母系数;$2s$ 是常数项,字母 s 也叫做字母系数.这个方程是含字母系数的一元二次方程.

在方程①、②中指明了 x 是未知数,它们是关于 x 的方程.

例题1 解下列关于 x 的方程：

(1) $ax+b^2=bx+a^2(a\neq b)$；

(2) $bx^2=2s(b>0,s>0)$.

解 (1) 移项，得

$$ax-bx=a^2-b^2.$$

合并同类项，得

$$(a-b)x=a^2-b^2.$$

因为 $a\neq b$，所以 $a-b\neq 0$.

两边同除以 $a-b$，得

$$x=\frac{a^2-b^2}{a-b},$$

即

$$x=a+b.$$

所以，原方程的根是

$$x=a+b.$$

> 用一个整式去除方程两边时，必须对这个整式的取值是否可能为零进行判断.

(2) 因为 $b>0$，所以可在两边同除以 b，得

$$x^2=\frac{2s}{b}.$$

又因为 $s>0$，

所以 $\frac{s}{b}>0$，即 $\frac{2s}{b}>0$.

两边同时开平方，得

$$x=\pm\sqrt{\frac{2s}{b}},$$

即

$$x=\pm\frac{\sqrt{2sb}}{b}.$$

所以，原方程的根是

$$x_1=\frac{\sqrt{2sb}}{b},x_2=-\frac{\sqrt{2sb}}{b}.$$

> 在实数范围内实施开平方运算，必须先判断被开方数是否为非负的.

例题2 解下列关于 x 的方程：

(1) $(3a-2)x=2(3-x)$；

(2) $bx^2-1=1-x^2(b\neq -1)$.

解 (1) 去括号，得

$$3ax-2x=6-2x.$$

移项，得

$$3ax-2x+2x=6.$$

合并同类项，得

$$3ax=6. \qquad ③$$

当 $a\neq 0$ 时，方程③是一元一次方程，解得

$$x=\frac{2}{a};$$

当 $a=0$ 时，方程③变成 $0\cdot x=6$，这时不论 x 取什么值，等式 $0\cdot x=6$ 都不成立，因此方程无解.

所以，当 $a\neq 0$ 时，原方程的根是 $x=\frac{2}{a}$；当 $a=0$ 时，原方程无解.

(2) 移项，得

$$bx^2+x^2=1+1.$$

合并同类项，得

$$(b+1)x^2=2.$$

因为 $b\neq -1$，所以

$$b+1\neq 0.$$

两边同除以 $b+1$，得

$$x^2=\frac{2}{b+1}. \qquad ④$$

当 $b+1>0$，即 $b>-1$ 时，由方程④解得

$$x=\pm\frac{\sqrt{2b+2}}{b+1};$$

当 $b+1<0$，即 $b<-1$ 时，方程④中 $\frac{2}{b+1}<0$，这时方程没有实数根.

所以，当 $b>-1$ 时，原方程的根是

$$x_1=\frac{\sqrt{2b+2}}{b+1},\ x_2=-\frac{\sqrt{2b+2}}{b+1};$$

当 $b<-1$ 时，原方程没有实数根.

方程③是一元一次方程吗？为什么要分“$a\neq 0$”与“$a=0$”这两种情况讨论？
这里蕴含了什么数学思想？

为什么要对“$b+1$”进行分类讨论？
如果题中没有 $b\neq -1$ 的条件，那么解题时还要讨论什么？

注意：用含字母系数的式子去乘或除方程的两边时，这个式子的值不能等于零；在实数范围内对含字母系数的式子开平方时，这个式子的值不能小于零.

想一想

利用一元一次方程或一元二次方程的解法，解含字母系数的方程与解数字系数的方程的一般的步骤一样吗？需要注意些什么？

问题2

有一块边长为 10 分米的正方形薄铁皮，在它的四个角上分别剪去大小一样的一个小正方形，然后做成一个容积为 48 立方分米的无盖长方体物件箱，如图 21—1 所示. 设小正方形的边长为 x 分米，试根据题意列方程；再观察这个方程，它与一元一次方程及一元二次方程有什么相同点和不同点？

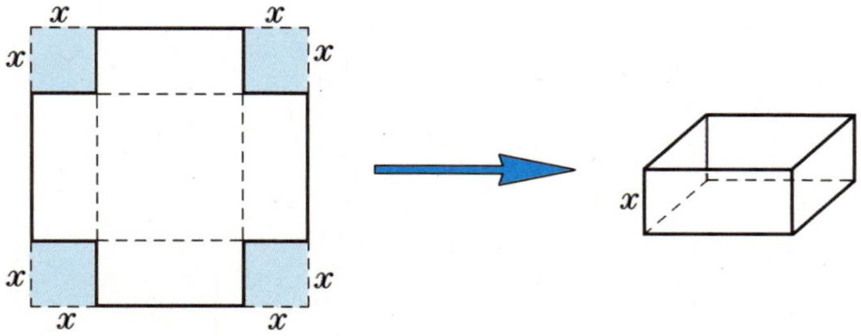

图 21—1

由问题 2，列出的方程是

$$x(10-2x)^2=48,$$

即

$$x^3-10x^2+25x-12=0. \qquad ⑤$$

方程⑤与一元一次方程、一元二次方程一样，未知数只有一个，方程中所含的代数式都是关于未知数的整式；但是方程⑤中含未知数的项的最高次数是 3.

如果方程中只有一个未知数且两边都是关于未知数的整式，那么这个方程叫做**一元整式方程**.

如果经过整理的一元整式方程中含未知数的项的最高次数是 n（n 是正整数），那么这个方程就叫做**一元 n 次方程**；其中次数 n 大于 2 的方程统称为一元高次方程，本章简称**高次方程**.

例如 $\frac{1}{2}x^5-16x^3+x-1=0$、$x^4-5x^2+4=0$ 等，都是高次方程.

例题3 判断下列关于 x 的方程，哪些是整式方程？这些整式方程分别是一元几次方程？

① $\frac{1}{2}x^2+a^3x-1=0$；

② $4x^3+81=0$；

③ $3a+2x=5x-\frac{1}{a}$；

④ $\dfrac{x+2}{2x}=\dfrac{1}{3}$;

⑤ $\dfrac{2}{x}+x=a^2-2a-3$;

⑥ $x^4+7x^2-8=0$.

解 方程①、②、③、⑥是整式方程;其中方程①是一元二次方程,方程②是一元三次方程,方程③是一元一次方程,方程⑥是一元四次方程.

练习 21.1

1. 解下列关于 x 或 y 的方程:
   (1) $a^2y+y=1$;
   (2) $b(x+3)=4$;
   (3) $(ax)^2+4x^2=1$;
   (4) $by^2+1=2(b\neq 0)$.
2. 试写出两个一元整式方程,三个高次方程;再写一个项数(项为 0 除外)为 2 的一元四次方程.
3. 想一想,如果关于 x 的方程 $ax=b$ 无解,那么实数 a、b 满足什么条件?

21.2 二项方程

我们对于解一元一次方程、一元二次方程进行过系统的讨论，并且得到了这两类方程的求根公式．解一元高次方程，一般来说是比较困难的．现在，我们只对特殊的高次方程的解法进行探讨．

观察

方程$\frac{1}{2}x^5-16=0$、$5x^3+118=0$、$2x^4-3=0$、$x^6+1=0$都是一元高次方程，这些方程有什么共同的特点？

这四个方程的左边只有两项，其中一项含未知数x，这项的次数就是方程的次数；另一项是常数项；方程的右边是0．

如果一元n次方程的一边只有含未知数的一项和非零的常数项，另一边是零，那么这样的方程就叫做**二项方程**．

$ax^n=0(a\neq0)$是非常特殊的n次方程，它的根是0．

关于x的一元n次二项方程的一般形式为

$$ax^n+b=0\quad(a\neq0,b\neq0,n\text{是正整数}).$$

思考

怎样解二项方程$ax^n+b=0(a\neq0,b\neq0)$？

这里所涉及的二项方程的次数不超过6次．

我们以解方程①$\frac{1}{2}x^5-16=0$和②$5x^3+118=0$为例，来讨论这个问题．

利用等式的性质，可把方程①变形为

$$x^5=32,$$

可知x是32的五次方根．因此，通过开方运算来求方程的根．

在初中阶段，解方程都是在实数范围内进行．

因为$\sqrt[5]{32}=2$，所以方程①的根是$x=2$．

类似地，方程②可变形为

$$x^3=-\frac{118}{5}.$$

所以方程②的根是

$$x=\sqrt[3]{-\frac{118}{5}}.$$

一般地，二项方程$ax^n+b=0\ (a\neq0,b\neq0)$可变形为

$$x^n=-\frac{b}{a}.$$

因此，解一元$n(n>2)$次二项方程，可转化为求一个已知数的n次方根．

例题1 利用计算器解下列方程(近似根保留三位小数).

利用计算器求n次方根的操作方法,参见所用计算器的使用说明书.

(1) $x^3=15\frac{5}{8}$;

(2) $3x^5-68=0$.

解 (1) 方程两边同时开立方,得

$$x=\sqrt[3]{15\frac{5}{8}}.$$

利用计算器,得

$$x=2.5.$$

所以,原方程的根是

$$x=2.5.$$

(2) 原方程可变形为

$$x^5=\frac{68}{3},$$

得

$$x=\sqrt[5]{\frac{68}{3}}.$$

利用计算器,得

$$\sqrt[5]{\frac{68}{3}}\approx1.867.$$

所以,原方程的根是

$$x\approx1.867.$$

例题2 利用计算器解下列方程(近似根保留三位小数):

(1) $x^3-64=0$;

(2) $2x^4-18=0$;

(3) $\frac{1}{2}x^5+\frac{3}{2}=0$;

(4) $x^6+1=0$.

解 (1) 原方程可变形为

$$x^3=64,$$

得

$$x=\sqrt[3]{64}.$$

利用计算器,得

$$\sqrt[3]{64}=4.$$

所以,原方程的根是

$$x=4.$$

(2) 原方程可变形为

$$x^4=9,$$

得

$$x=\pm\sqrt[4]{9}.$$

利用计算器,得

$$\sqrt[4]{9}\approx 1.732.$$

所以,原方程的根是

$$x_1\approx 1.732,\ x_2\approx -1.732.$$

(3) 原方程可变形为

$$x^5=-3,$$

得

$$x=\sqrt[5]{-3}.$$

利用计算器,得

$$\sqrt[5]{-3}\approx -1.246.$$

所以,原方程的根是

$$x\approx -1.246.$$

(4) 原方程可变形为

$$x^6=-1.$$

因为在实数范围内负数的偶次方根不存在,所以原方程没有实数根.

对于二项方程

$$ax^n+b=0(a\neq 0,b\neq 0),$$

当 n 为奇数时,方程有且只有一个实数根.

当 n 为偶数时,如果 $ab<0$,那么方程有两个实数根,且这两个根互为相反数;如果 $ab>0$,那么方程没有实数根.

例题3 利用计算器解下列方程(近似根保留三位小数):

(1) $(x+1)^3-4=0$;

(2) $2(1-3x)^4-10=0$;

(3) $\left(\frac{1}{2}x-1\right)^5+5=0$.

分析 分别将 $x+1$、$1-3x$ 和 $\frac{1}{2}x-1$ 看作一个"整体",那么原方程就可看作以这个"整体"为新"元"的方程.

解 (1) 原方程可变形为

$$(x+1)^3=4,$$

得

$$x+1=\sqrt[3]{4}.$$

解这个一元一次方程，得

$$x=\sqrt[3]{4}-1.$$

利用计算器，得

$$\sqrt[3]{4}\approx 1.587.$$

所以，原方程的根是

$$x\approx 0.587.$$

(2) 原方程可变形为

$$(1-3x)^4=5,$$

得

$$1-3x=\pm\sqrt[4]{5},$$

即

$$1-3x=\sqrt[4]{5},\quad 1-3x=-\sqrt[4]{5}.$$

分别解这两个一元一次方程，得

$$x=\frac{1-\sqrt[4]{5}}{3},x=\frac{1+\sqrt[4]{5}}{3}.$$

利用计算器，得

$$\frac{1-\sqrt[4]{5}}{3}\approx -0.165,\frac{1+\sqrt[4]{5}}{3}\approx 0.832.$$

所以，原方程的根是

$$x_1\approx -0.165,\quad x_2\approx 0.832.$$

(3) 原方程可变形为

$$\left(\frac{1}{2}x-1\right)^5=-5,$$

得

$$\frac{1}{2}x-1=\sqrt[5]{-5}.$$

解这个一元一次方程，得

$$x=2-2\sqrt[5]{5}.$$

利用计算器，得

$$2-2\sqrt[5]{5}\approx -0.759.$$

所以，原方程的根是

$$x\approx -0.759.$$

练习 21.2

1. 判断下列方程是不是二项方程：

（1）$\frac{1}{2}x^3+8=0$；

（2）$x^4+x=0$；

（3）$x^5=9$；

（4）$x^3+x=1$.

2. 利用计算器解下列方程（近似根保留三位小数）：

（1）$x^5+243=0$；

（2）$2x^3+\frac{1}{54}=0$；

（3）$\frac{2}{3}x^4-10=0$.

3. 利用计算器解下列方程（近似根保留三位小数）：

（1）$(x+2)^3=7$；

（2）$(2x+3)^4-12=0$；

（3）$\left(\frac{1}{3}x+1\right)^5-6=0$.

第二节　分式方程

21.3　可化为一元二次方程的分式方程

如果方程中只含分式和整式，且分母中含有未知数，那么这个方程是分式方程.

在七年级学习“分式”这一章时，我们认识了分式方程，讨论了可化为一元一次方程的分式方程的解法. 如方程

$$\frac{2}{x+1}=3,\quad \frac{1}{x}=\frac{3}{x-1},$$

它们都是分式方程. 这两个分式方程通过去分母，可化为一元一次方程. 于是，解这两个方程化归为解相应的一元一次方程.

试一试

解上面两个分式方程.

问题1

某单位的共青团员们准备捐款 1 200 元帮助结对的边远地区贫困学生，这笔钱大家平均分担. 实际捐款时又有 2 名青年同事参加，但总费用不变，于是每人少捐 30 元. 问共有多少人参加捐款.

在这个问题中，一个基本的等量关系是：

实际人均捐款(元)＝原定人均捐款(元)－30(元).

如果设实际参加捐款的人数为 x，那么原来捐款的人数为 $(x-2)$. 从而得到实际人均捐款为 $\frac{1\,200}{x}$(元)，原定人均捐款为 $\frac{1\,200}{x-2}$(元).

于是，可列出方程

$$\frac{1\,200}{x}=\frac{1\,200}{x-2}-30. \qquad ①$$

解分式方程的基本思路是：通过“去分母”把它转化为一个整式方程，再求解.

方程①是一个分式方程，两边同时乘以 $x(x-2)$，得

$$1\,200(x-2)=1\,200x-30x(x-2).$$

整理，得　$x^2-2x-80=0.$　②

方程②是一个一元二次方程，它是由方程①变形得到的. 也就是说，方程①是可化为一元二次方程的分式方程.

解分式方程①归结为解一元二次方程②.

想一想

方程②的根一定是方程①的根吗？方程①的根一定是原来问题的答案吗？

通过去分母将分式方程化成整式方程，利用了等式的性质．但是，化成整式方程后，未知数的允许取值范围扩大了．因此，可以肯定原分式方程的根是变形所得整式方程的根，但所得整式方程的根不一定是原分式方程的根，必须进行检验．

> 等式性质：在等式两边乘以同一个整式后，等式仍然成立．

根据实际问题中的等量关系列方程，由这个方程所确定的未知数允许取值范围，通常比实际意义所决定的未知数允许取值范围大，因此所列方程的根也不一定是原实际问题的答案．

在上述问题中，由方程②解得 $x_1=10$，$x_2=-8$；将它们分别代入代数式 $x(x-2)$ 中，这个代数式的值都不等于 0，即它们在方程①的未知数允许取值范围内．经检验，它们都是方程①的根．

> 由检验过程可知，x_1、x_2 不会使分式中的分母为 0，说明它们在未知数的允许取值范围内．

而根据未知数表示的实际意义，可知 x 的允许取值范围是大于 2 的整数．经检验，x_1 符合实际意义，而 x_2 不符合实际意义，应舍去．

所以，原来问题的答案是：参加捐款的人数有 10 人．

问题2

解分式方程的一般步骤是什么？

我们以解分式方程 $\dfrac{x}{x-1}=\dfrac{2}{x^2-1}$ 为例，来讨论这个问题．

先尝试解这个方程：

(1) 考虑去掉方程中各分式的分母，把分式方程转化为整式方程．

> $(x+1)(x-1)$ 是原方程中所含两个分式的最简公分母．

因为 $x^2-1=(x+1)(x-1)$，所以，在方程两边同时乘以 $(x+1)(x-1)$ 可约去各个分母．原方程化为

$$x(x+1)=2.$$

(2) 对上面这个整式方程求解．

方程 $x(x+1)=2$，即 $\quad x^2+x-2=0$，

解得 $\quad x_1=1,\ x_2=-2.$

(3) 判断所求得的整式方程的根是不是原方程的根．

> 如果在解整式方程时没有差错，那么所求得的整式方程的根中，能使"去分母"时所乘代数式的值不为 0 的根一定是原方程的根；否则是增根．
> 当然，把解整式方程所得的根代入原方程进行"验根"，总是一种有效的方法．

只要检验当 x 的值分别取 1、-2 时，原方程两边同乘的那个代数式 $(x+1)(x-1)$ 的值是不是等于零．

当 $x=1$ 时，$(x+1)(x-1)=0$；

当 $x=-2$ 时，$(x+1)(x-1)\neq 0$，

可知 1 不是原方程的根，即它是增根；-2 是原方程的根．

所以，原方程的根是 $\quad x=-2.$

归纳

解分式方程，可以通过方程两边同乘以方程中各分式的最简公分母，约去分母，转化为整式方程来解．

> 分式方程
> ↓ 去分母
> 整式方程

解分式方程的一般步骤，可用流程图表述为：

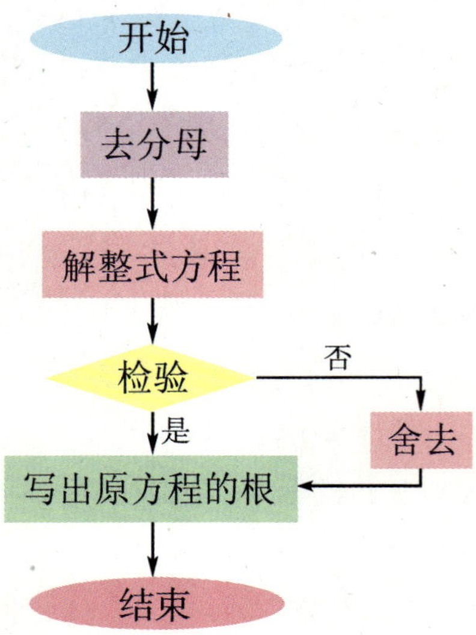

> 在方程的两边同时乘以方程中各分式的最简公分母，将原方程化成整式方程.

> 把求得的整式方程的根代入最简公分母，判断它的值是不是等于零. 使最简公分母的值不为零的根是原方程的根；使最简公分母的值为零的根是增根，必须舍去.

想一想

在解分式方程的过程中，为什么要有"检验"的步骤？检验的方法有哪些？

练习 21.3(1)

1. 下列方程中，哪些是分式方程？

(1) $\frac{1}{x}=2x$；　　(2) $\frac{1}{2}x+\frac{2}{x}=1$；

(3) $\frac{x^2-1}{5}+\frac{x}{2}=3$；　　(4) $\frac{4}{x}-\frac{1}{x-1}=1$.

2. 填空：

在横线上填写适当的式、数、符号，完整表达解方程的过程.

解分式方程 $\frac{1}{x-2}=\frac{4}{x^2-4}+1$.

解　方程两边同时乘以________，约去分母，得________________.

解这个整式方程，得

$x_1=$______，　$x_2=$______.

把 $x=$______代入________，它的值____0；

把 $x=$______代入________，它的值____0.

经检验，$x=$____是增根，舍去.

所以，原方程的根是________.

3. 当 x 取何值时，分式方程 $\frac{x}{x-1}+\frac{1}{x-2}=1$ 中各分式的最简公分母的值等于零？

下面，我们来解可化为一元二次方程的分式方程.

例题1 解方程：$\frac{1}{1-x}+1=\frac{2}{1+x}$.

解 方程两边同时乘以$(1-x)(1+x)$，得

$$1+x+(1-x)(1+x)=2(1-x).$$

整理，得 $x^2-3x=0$.

解这个整式方程，得 $x_1=0$，$x_2=3$.

检验：当 $x=0$ 时，$(1-x)(1+x)=(1-0)(1+0)=1\neq0$；

当 $x=3$ 时，$(1-x)(1+x)=(1-3)(1+3)=-8\neq0$.

所以，原方程的根是 $x_1=0$，$x_2=3$.

> 去分母时，方程两边的每一“项”都要乘以最简公分母. 要注意常数项不要漏乘.

例题2 解方程：$\frac{2x}{x^2+2x-3}+\frac{1}{x+3}=1$.

解 把分母 x^2+2x-3 分解因式，原方程变形为

$$\frac{2x}{(x-1)(x+3)}+\frac{1}{x+3}=1.$$

方程两边同时乘以$(x-1)(x+3)$，得

$$2x+x-1=(x-1)(x+3).$$

整理，得 $x^2-x-2=0$.

解这个整式方程，得 $x_1=-1$，$x_2=2$.

检验：当 $x=-1$ 时，$(x-1)(x+3)=(-1-1)(-1+3)=-4\neq0$；

当 $x=2$ 时，$(x-1)(x+3)=(2-1)(2+3)=5\neq0$.

所以，原方程的根是 $x_1=-1$，$x_2=2$.

> 把分母 x^2+2x-3 分解因式，是为了找出最简公分母.

例题3 解方程：$\frac{x+2}{x-2}-\frac{16}{x^2-4}=\frac{1}{x+2}$.

解 方程两边同时乘以$(x+2)(x-2)$，得

$$(x+2)^2-16=x-2.$$

整理，得 $x^2+3x-10=0$.

解这个整式方程，得 $x_1=2$，$x_2=-5$.

检验：当 $x=2$ 时，$(x+2)(x-2)=(2+2)(2-2)=0$；

当 $x=-5$ 时，$(x+2)(x-2)=(-5+2)(-5-2)=21\neq0$.

可知 $x_1=2$ 是增根，舍去.

所以，原方程的根是 $x=-5$.

议一议

解分式方程时应注意什么？

练习 21.3(2)

1. 解下列方程：

(1) $\frac{2}{y}+y=3$；　　(2) $\frac{y^2}{y-4}-2=\frac{16}{y-4}$；

(3) $\frac{x-2}{x+1}=\frac{6}{x-3}$；　　(4) $\frac{1}{x-2}-\frac{4}{x^2-4}=1$.

2. 解下列方程：

(1) $x+1=\frac{-1}{2x-1}$；　　(2) $\frac{x+2}{x-2}+\frac{x^2-4}{3x^2-5x-2}=1$；

(3) $\frac{x+1}{x^2-1}-\frac{1}{3x}=\frac{1}{3x-3}$.

思考

怎样解分式方程$\frac{2}{x^2}+x^2=3$？

观察这个方程，可以看到左边所含分式$\frac{2}{x^2}$的分母就是左边所含的整式 x^2，而且方程中没有其他的含未知数的项. 根据方程的这个特点，可设 $x^2=y$，则原方程化为

$$\frac{2}{y}+y=3.$$

再解上面这个方程，得到它的根是

$$y_1=1,\ \ y_2=2.$$

然后“回代”，当 $y=1$ 时，得 $x^2=1$，解得 $x=\pm1$；当 $y=2$ 时，得 $x^2=2$，解得 $x=\pm\sqrt{2}$.

经检验，$x=\pm1$，$x=\pm\sqrt{2}$都是原方程的根.

所以，原方程的根是 $x_1=1$，$x_2=-1$，$x_3=\sqrt{2}$，$x_4=-\sqrt{2}$.

以上解方程的过程中，用了一个新未知数 y 代替方程中的 x^2，得到一个关于 y 的新方程$\frac{2}{y}+y=3$. 这里采用的方法是换元法.

例题4　解方程：$\frac{3x}{x^2-1}+\frac{x^2-1}{x}=\frac{7}{2}$.

分析　观察方程左边的两个分式，可见$\frac{3x}{x^2-1}=3\cdot\frac{x}{x^2-1}$，且

$\frac{x}{x^2-1}$与$\frac{x^2-1}{x}$互为倒数.于是,可通过“换元”把原方程化成较简单的分式方程.

解 设$\frac{x}{x^2-1}=y$,则原方程可化为

$$3y+\frac{1}{y}=\frac{7}{2}.$$

两边同时乘以 $2y$,整理得

$$6y^2-7y+2=0.$$

解这个关于 y 的方程,得

$$y_1=\frac{2}{3},\ y_2=\frac{1}{2}.$$

(1) 当 $y=\frac{2}{3}$时,得方程$\frac{x}{x^2-1}=\frac{2}{3}$. ①

去分母、整理,得

$$2x^2-3x-2=0.$$

解得 $x=-\frac{1}{2}$ 或 $x=2$.

(2) 当 $y=\frac{1}{2}$时,得方程$\frac{x}{x^2-1}=\frac{1}{2}$. ②

去分母、整理,得

$$x^2-2x-1=0.$$

解得 $x=1+\sqrt{2}$ 或 $x=1-\sqrt{2}$.

经检验,方程①和方程②的根都是原方程的根.

所以,原方程的根是

$$x_1=-\frac{1}{2},\ x_2=2,$$

$$x_3=1+\sqrt{2},\ x_4=1-\sqrt{2}.$$

从例题 4 可以看到,用“换元法”可将某些特殊的方程化繁为简;并且在解分式方程的过程中,避免了出现解高次方程的问题,实际上起到了“降次”的作用.

想一想

用“换元法”解分式方程,要注意哪些问题?

例题5 解方程组:$\begin{cases}\frac{5}{x+y}+\frac{1}{x-y}=7,\\ \frac{3}{x+y}-\frac{1}{x-y}=1.\end{cases}$

分析 这是一个分式方程组.观察方程组中所含的分式,它们的分母是 $x+y$ 或 $x-y$.联想“换元”的方法,如果把$\frac{1}{x+y}$与$\frac{1}{x-y}$看作两个不同的“整体”,分别用 u、v 代替,即设$\frac{1}{x+y}=u$,$\frac{1}{x-y}=v$,

那么原方程组可化为

$$\begin{cases}5u+v=7,\\3u-v=1.\end{cases}$$

这是一个二元一次方程组. 解这个方程组，再将求得的解“回代”，解原方程组的问题就可以解决.

解 设$\frac{1}{x+y}=u$，$\frac{1}{x-y}=v$，则原方程组可化为

$$\begin{cases}5u+v=7,\\3u-v=1.\end{cases}$$

解得 $\begin{cases}u=1,\\v=2.\end{cases}$

于是，得 $\begin{cases}\frac{1}{x+y}=1,\\\frac{1}{x-y}=2.\end{cases}$

因此 $\begin{cases}x+y=1,\\x-y=\frac{1}{2}.\end{cases}$

解这个方程组，得 $\begin{cases}x=\frac{3}{4},\\y=\frac{1}{4}.\end{cases}$

检验：把 $x=\frac{3}{4}$，$y=\frac{1}{4}$代入原方程组中所含各分式的分母，各分母的值都不为零.

所以，原方程组的解是 $\begin{cases}x=\frac{3}{4},\\y=\frac{1}{4}.\end{cases}$

练习 21.3(3)

1. 填空：

(1) 用换元法解方程$\left(\frac{x}{x+2}\right)^2-5\left(\frac{x}{x+2}\right)+6=0$时，如果设$\frac{x}{x+2}=y$，那么原方程可变形为__________________；

(2) 用换元法解方程$\frac{3x}{x-1}+\frac{2x-2}{x}+3=0$时，如果设$\frac{x}{x-1}=y$，那么将原方程变形

后表示为一元二次方程一般形式是____________；

（3）用换元法解方程组 $\begin{cases}\dfrac{5}{x}-\dfrac{6}{y+1}=1,\\ \dfrac{1}{x}=1-\dfrac{2}{y+1}\end{cases}$ 时，如果设________$=u$，________$=v$，那么原方程组可化为二元一次方程组____________________________.

2. 用换元法解下列方程：

（1）$\dfrac{x-2}{x}-\dfrac{3x}{x-2}=2$；　　（2）$\dfrac{x^2+1}{5x}+\dfrac{5x}{x^2+1}=\dfrac{5}{2}$.

3. 用换元法解下列方程组：

（1）$\begin{cases}\dfrac{2}{x}+\dfrac{2}{y}=\dfrac{1}{2},\\ \dfrac{5}{x}-\dfrac{1}{y}=\dfrac{3}{4};\end{cases}$　　（2）$\begin{cases}\dfrac{4}{x+y}+\dfrac{6}{x-y}=3,\\ \dfrac{9}{x-y}-\dfrac{1}{x+y}=1.\end{cases}$

第三节　无理方程

21.4　无理方程

对方程的研究，总是与代数式相联系．我们已经学习了整式方程、分式方程，现在来讨论与根式有关的方程．

问题1

用一根30厘米长的细铁丝弯折成一个直角三角形，使它的一条直角边长为5厘米，应该怎样弯折？

要把一根细铁丝弯折成一个直角三角形，关键是确定其中两边的长．为此，需求另一条直角边或斜边的长．

设另一条直角边的长为x厘米，则斜边的长为$(30-5-x)$厘米．由勾股定理，得方程$5^2+x^2=(25-x)^2$．于是，这个问题可以解决．

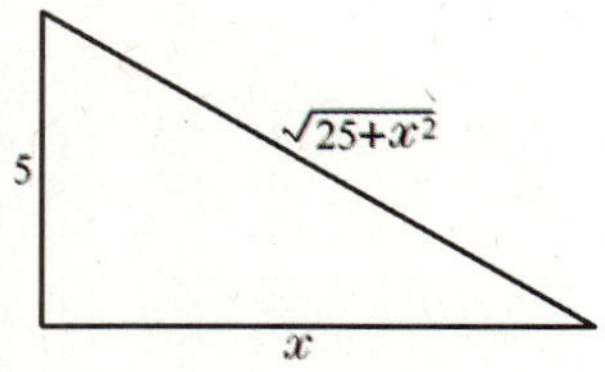

我们也可以这样考虑：设另一条直角边的长为x厘米，则由勾股定理可知斜边长为$\sqrt{25+x^2}$厘米．

已知细铁丝的长是30厘米，因此可列出方程：

$$5+x+\sqrt{25+x^2}=30.$$

方程中不仅含有根号，而且根号里含有未知数x．

观察

上面这个方程有什么特点？它与前面所学的方程有什么区别？

方程中含有根式，且被开方数是含有未知数的代数式，这样的方程叫做**无理方程**．

无理方程也可叫做**根式方程**．

例如，$\sqrt{x-6}=2$，$\sqrt[3]{x^2+2}=1+x$，$\sqrt{x+3}+\dfrac{1}{\sqrt{x+3}}=5$等都是无理方程．

议一议

方程$2\sqrt{2}x^2+\sqrt{5}x-1=0$、$\dfrac{x}{\sqrt{3}+1}+\dfrac{1}{x-1}=1$是不是无理方程？为什么？

代数方程的共同特点是：其中对未知数所涉及的运算是加、减、乘、除、乘方、开方等基本运算．

整式方程和分式方程统称为**有理方程**．

有理方程和无理方程统称为初等代数方程，简称**代数方程**．

下面，我们来探讨简单的无理方程的解法.

问题2

怎样解方程 $x=\sqrt{3x+4}$？

应考虑去掉无理方程中所含根式的根号，把无理方程化为有理方程.

方程变形的基本依据是等式的性质，联想到“如果 $p=q$，那么 $p^2=q^2$”以及 $(\sqrt{a})^2=a\,(a\geqslant 0)$ 的性质，因此可通过方程两边同时平方，把方程 $x=\sqrt{3x+4}$ 化为有理方程.

对于方程 $\quad x=\sqrt{3x+4}$， ①

两边同时平方，得 $\quad x^2=3x+4$，

即 $\quad x^2-3x-4=0$. ②

解方程②，得 $\quad x_1=4$，$x_2=-1$.

从方程①变形为方程②，方程①中未知数的允许取值范围是 $x\geqslant 0$（这时已有 $3x+4\geqslant 0$），方程②中未知数的允许取值范围是一切实数. 未知数的允许取值范围扩大，可能产生增根. 这时需要判断方程②的根是不是方程①的根. 一种直截了当的方法，就是代入方程①进行检验.

当 $x=4$ 时，方程①左边 $=4$，右边 $=\sqrt{3\times4+4}=\sqrt{16}=4$，可知 $x=4$ 是方程①的根；

当 $x=-1$ 时，方程①左边 $=-1$，而右边不可能是负数，可知 $x=-1$ 是增根，应舍去.

所以，方程①的根是 $\quad x=4$.

无理方程

↓去根号

有理方程

归纳

解简单的无理方程，可以通过去根号转化为有理方程来解.

解简单无理方程的一般步骤，可用流程图表述为：

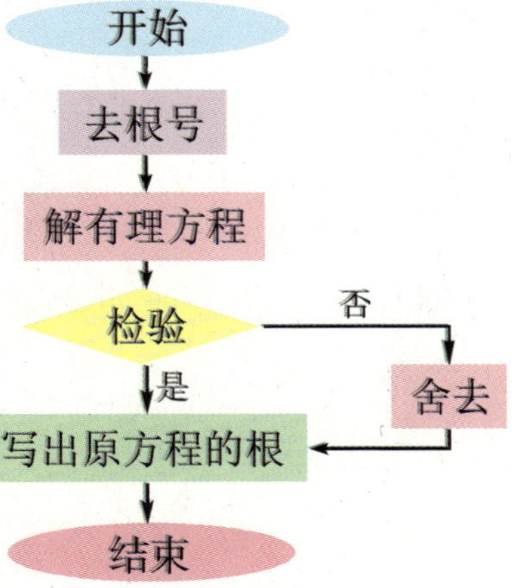

当方程中只有一个含未知数的二次根式时，可先把方程变形，使这个二次根式单独在一边；然后方程两边同时平方，将这个方程化成有理方程.

由于这一步骤必需且可能产生增根，因此验根是必不可少的步骤.

练习 21.4(1)

1. 已知下列关于 x 的方程：

① $x^2+\sqrt{5}x+1=0$； ② $x^2+5\sqrt{x}+1=0$； ③ $\sqrt{x+1}-7=0$；

④ $\sqrt{a-1}+2x=7$； ⑤ $\sqrt{x}+\frac{1}{x}=2$； ⑥ $\frac{1}{x+3}+\frac{x}{\sqrt{2}-x}=\sqrt{3}$.

其中，无理方程是____________(只要填写方程的序号).

2. 填空：

在横线上填写适当的式、数或符号，完整表达解方程的过程.

解方程：$\sqrt{x+2}=-x$.

解：两边平方，得__________.

整理，得__________.

解这个方程，得 $x_1=$______，$x_2=$______.

检验：把 $x=$______分别代入原方程两边，左边=______，右边=______，由左边______右边，可知 $x=$______是________.

把 $x=$______分别代入原方程两边，左边=______，右边=______，左边______右边，可知 $x=$______是________.

所以，原方程的根是__________.

3. 下面四个方程中，有一个根是 $x=2$ 的方程是 ( )

(A) $x+1=\sqrt{x+2}$； (B) $\sqrt{x-6}=2$；

(C) $\sqrt{x+2}=x$； (D) $\sqrt{x^2+1}+x=0$.

4. 将方程 $\sqrt{x^2-1}-2x=0$ 化成有理方程.

下面，我们来解简单的无理方程.

例题1 解下列方程：

(1) $2\sqrt{x-3}=x-6$； (2) $\sqrt{x^2-2}=\sqrt{2x+1}$.

解 (1) 方程两边平方，得

$$4(x-3)=(x-6)^2.$$

整理，得 $x^2-16x+48=0$.

解这个方程，得 $x_1=4$，$x_2=12$.

检验：把 $x=4$ 分别代入原方程的两边，左边 $=2\sqrt{4-3}=2$，右边 $=4-6=-2$，左边≠右边，可知 $x=4$ 是增根，舍去.

把 $x=12$ 分别代入原方程的两边，左边 $=2\sqrt{12-3}=6$，右边 $=12-6=6$，左边=右边，可知 $x=12$ 是原方程的根.

所以，原方程的根是 $x=12$.

也可这样检验：当 $x=4$ 时，$x-6=-2<0$，可知 $x=4$ 是增根；当 $x=12$ 时，$x-6=6>0$，且 $x-3=9>0$，可知 $x=12$ 是原方程的根.

(2) 方程两边平方，得

$$x^2-2=2x+1.$$

整理，得 $x^2-2x-3=0.$

解这个方程，得 $x_1=-1,\ x_2=3.$

检验：把 $x=-1$ 代入原方程的左边，左边根号内的数是负数，由于在实数范围内负数没有平方根，可知 $x=-1$ 是增根，舍去。

把 $x=3$ 分别代入原方程两边，左边 $=\sqrt{3^2-2}=\sqrt{7}$，右边 $=\sqrt{2\times3+1}=\sqrt{7}$，左边＝右边，可知 $x=3$ 是原方程的根。

所以，原方程的根是 $x=3.$

例题2 解下列方程：

(1) $3-\sqrt{2x-3}=x$； (2) $\sqrt{x+2}-\sqrt{x}=1.$

解 (1) 原方程可变形为 $3-x=\sqrt{2x-3}.$

两边平方，得 $(3-x)^2=2x-3.$

整理，得 $x^2-8x+12=0.$

解得 $x_1=2,\ x_2=6.$

检验：把 $x=2$ 分别代入原方程两边，左边 $=3-\sqrt{2\times2-3}=2$，右边 $=2$，左边＝右边，可知 $x=2$ 是原方程的根。

把 $x=6$ 分别代入原方程两边，左边 $=3-\sqrt{2\times6-3}=0$，右边 $=6$，左边 $\neq$ 右边，可知 $x=6$ 是增根，舍去。

所以，原方程的根是 $x=2.$

(2) 原方程可变形为 $\sqrt{x+2}=1+\sqrt{x}.$

两边平方，得 $x+2=1+2\sqrt{x}+x.$

整理，得 $2\sqrt{x}=1.$

再两边平方，得 $4x=1.$

解得 $x=\frac{1}{4}.$

检验：把 $x=\frac{1}{4}$ 分别代入原方程两边，左边 $=\sqrt{\frac{1}{4}+2}-\sqrt{\frac{1}{4}}=1$，右边 $=1$，左边＝右边，可知 $x=\frac{1}{4}$ 是原方程的根。

所以，原方程的根是 $x=\frac{1}{4}.$

> 例题 2(1) 的方程可变形为 $3-x=\sqrt{2x-3}$，转化为如例题 1(1) 的形式.

> 例题 2(2) 的方程中含有两个二次根式，变形为 $\sqrt{x+2}=1+\sqrt{x}$ 后，两边平方，就可以变形为如例题 2(1) 只含一个二次根式的方程的形式.

想一想

不解方程 $\sqrt{x+1}+1=0$，你能断定这个方程没有实数根吗？理由是什么？

练习 21.4(2)

1. 解下列方程：

(1) $\sqrt{2x+3}=-x$；　　(2) $\sqrt{x^2-4x+3}=\sqrt{1-x}$.

2. 解下列方程：

(1) $x-\sqrt{x+1}-1=0$；　　(2) $\sqrt{x-2}\cdot\sqrt{x-3}-\sqrt{2}=0$；

(3) $\sqrt{x-7}+\sqrt{x}=7$.

3. 下列方程中，有实数根的方程是　　(　　)

(A) $\sqrt{x-1}+4=0$；　　(B) $\sqrt{x^2+1}=0$；

(C) $\sqrt{x}=-x$；　　(D) $\sqrt{x+2}+\sqrt{x-2}=0$.

4. 在本节开头提出的问题 1 中，列出方程 $5+x+\sqrt{25+x^2}=30$ 后，可求得另一直角边的长是多少？

第四节　二元二次方程组

21.5　二元二次方程和方程组

问题1

如图 21－2，有一个大正方形，是由四个全等的直角三角形与中间的小正方形拼成的．如果大正方形的面积是 13，小正方形的面积是 1，那么直角三角形的两条直角边长分别是多少？

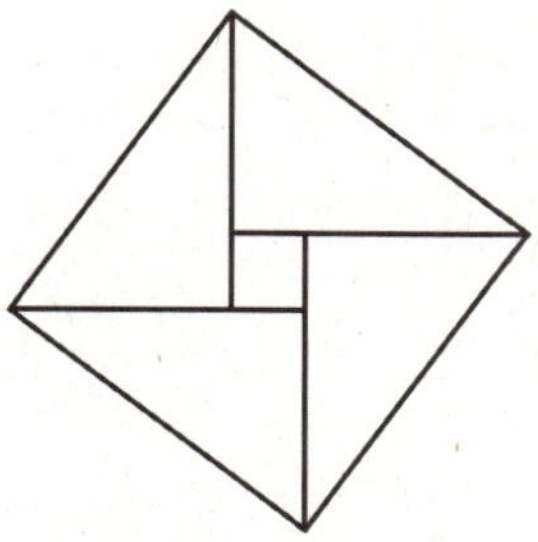

图 21－2

这个问题中待求的未知量有两个，不妨引进两个未知数．

设直角三角形较短的直角边的长为 x，较长的直角边的长为 y，则斜边长为 $\sqrt{x^2+y^2}$，得大正方形的面积为 x^2+y^2．

根据题意，可列出方程 $y=x+1$ 和方程 $x^2+y^2=13$；再将它们联立成方程组：

$$\begin{cases} y=x+1, & ① \\ x^2+y^2=13. & ② \end{cases}$$

解这个方程组，可以求得两条直角边的长．

问题2

某剧场管理人员为了让观众有更舒适的欣赏环境，对座位进行了调整．已知剧场原有座位 500 个，每排的座位数一样多；现在每排减少了 2 个座位，并减少了 5 排，剧场座位数相应减少为 345 个．剧场原有座位的排数是多少？每排有多少个座位？

设剧场原有座位的排数为 x，每排座位数为 y．根据题意可列出方程 $xy=500$ 和方程 $(x-5)(y-2)=345$，即 $xy-2x-5y=335$；再将它们联立成方程组：

$$\begin{cases} xy=500, & ③ \\ xy-2x-5y=335. & ④ \end{cases}$$

解这个方程组，可求得剧场原来座位的排数与每排的座位数．

观察

在上面问题 1 与问题 2 列出的方程中，方程②、③、④有什么特点？它们与方程①有什么区别？

方程①是一个二元一次方程，我们以前已经认识．方程②、③、

④都是整式方程，它们都仅含有两个未知数，并且含有未知数的项的最高次数是 2. 它们与方程①的差别是含有未知数的项的最高次数不同.

仅含有两个未知数，并且含有未知数的项的最高次数是 2 的整式方程，叫做**二元二次方程**.

上面的方程②、③、④都是二元二次方程.

关于 x、y 的二元二次方程的一般形式是：

$$ax^2+bxy+cy^2+dx+ey+f=0$$

（a、b、c、d、e、f 都是常数，且 a、b、c 中至少有一个不是零；当 b 为零时，a 与 d 以及 c 与 e 分别不全为零）.

其中，ax^2、bxy、cy^2 叫做这个方程的二次项，a、b、c 分别叫做二次项系数；dx、ey 叫做这个方程的一次项，d、e 分别叫做一次项系数；f 叫做这个方程的常数项.

再进一步观察，可见问题 1 中得到的方程组是由一个二元一次方程与一个二元二次方程所组成的；问题 2 中得到的方程组是由两个二元二次方程所组成的.

对每个方程组而言，它们有共同特点：

仅含有两个未知数，各方程是整式方程，并且含有未知数的项的最高次数为 2.

像这样的方程组叫做**二元二次方程组**.

操作

对于二元二次方程 $x^2+y^2=13$，取定 x 的一些值，分别代入这个方程，求出相应 y 的值，填入下表：

x	…	-3	-2	-1	0	1	2	3	…
$y=\pm\sqrt{13-x^2}$	…								…

表中 x、y 的每一组对应值，如：

$\begin{cases}x=-3,\\y=2;\end{cases}$ $\begin{cases}x=-3,\\y=-2;\end{cases}$ $\begin{cases}x=-2,\\y=3;\end{cases}$ $\begin{cases}x=-2,\\y=-3;\end{cases}$ $\begin{cases}x=2,\\y=3;\end{cases}$ $\begin{cases}x=2,\\y=-3;\end{cases}$ …

都能使方程 $x^2+y^2=13$ 左右两边的值相等.

像这样，能使二元二次方程左右两边的值相等的一对未知数的值，叫做**二元二次方程的解**.

上面所列的 x、y 的每一组对应值，都是二元二次方程②的一个解. 这个方程还有其他的解.

二元一次方程有无数个实数解；二元二次方程的实数解的个数有多种情况.

在方程①和方程②的解中，如

$$\begin{cases}x=-3,\\y=-2;\end{cases}\quad\begin{cases}x=2,\\y=3,\end{cases}$$

它们既是方程①的解，又是方程②的解，即它们是这两个方程的公共解.

方程组中所含各方程的公共解叫做**这个方程组的解**.

对于由方程①和方程②组成的二元二次方程组，$\begin{cases}x=-3,\\y=-2\end{cases}$和$\begin{cases}x=2,\\y=3\end{cases}$都是这个方程组的解.

由问题 1 中所设 x、y 的实际意义，可知$\begin{cases}x=2,\\y=3\end{cases}$是问题 1 的解，即直角三角形的一条直角边的长为 2，另一条直角边的长为 3.

练习 21.5

1. 下列方程中，哪些是二元二次方程？

(1) $x^2+y=1$；　(2) $3-2y^2+y=0$；

(3) $\dfrac{1}{xy}+2y^2-x=0$；　(4) $x+y+3^2=1$.

2. 下列方程组中，哪些是二元二次方程组？

(1) $\begin{cases}3y=2,\\x^2+xy-x=2;\end{cases}$　(2) $\begin{cases}xy+x=20,\\xy+y=18;\end{cases}$

(3) $\begin{cases}x+5=y,\\3x-y=-1;\end{cases}$　(4) $\begin{cases}3y^2=x-1,\\\sqrt{x}+3y=5.\end{cases}$

3. 已知下面三对数值：

$$\begin{cases}x=-1,\\y=1;\end{cases}\quad\begin{cases}x=0,\\y=-1;\end{cases}\quad\begin{cases}x=1,\\y=0.\end{cases}$$

(1) 哪几对数值是方程 $x^2+xy+y^2=1$ 的解？

(2) 哪几对数值是方程组$\begin{cases}x-y=1,\\x^2+xy+y^2=1\end{cases}$的解？

4. 试写出一个二元二次方程，使该方程有一个解是$\begin{cases}x=2,\\y=-1.\end{cases}$

21.6　二元二次方程组的解法

解二元一次方程组的基本思想是“消元”，把它转化为解一元方程的问题. 那么，怎样解二元二次方程组呢？

例如，解方程组：

$$\begin{cases} y=x+1, & ① \\ x^2+y^2=13. & ② \end{cases}$$

观察方程①，未知数 y 由含未知数 x 的代数式 $x+1$ 表示. 将方程②中的 y 同样用 $x+1$ 表示，得

$$x^2+(x+1)^2=13.$$

整理，得 $x^2+x-6=0$.

这是一个一元二次方程，解这个方程，得

$$x_1=-3,\ x_2=2.$$

将 $x_1=-3$ 代入方程①，得 $y_1=-2$；

将 $x_2=2$ 代入方程①，得 $y_2=3$.

所以，原方程组的解是 $\begin{cases} x_1=-3, \\ y_1=-2; \end{cases}$ $\begin{cases} x_2=2, \\ y_2=3. \end{cases}$

上述解方程组的过程，与用“代入消元法”解二元一次方程组的过程一样. 这样解二元二次方程组的方法，同样叫做代入消元法.

例题1 解方程组：$\begin{cases} x^2+2y^2-1=0, & ① \\ x-y+1=0. & ② \end{cases}$

分析 这个方程组中，方程②是二元一次方程，可把其中一个未知数用含另一个未知数的代数式表示.

> 如果一个二元二次方程组是由一个二元一次方程和一个二元二次方程组成，那么可用代入消元法解这个方程组.

解 由方程②，得 $x=y-1$. ③

将③代入①，得 $(y-1)^2+2y^2-1=0$.

整理，得 $3y^2-2y=0$.

解这个方程，得 $y_1=0,\ y_2=\frac{2}{3}$.

将 $y_1=0$ 代入③，得 $x_1=-1$；

将 $y_2=\frac{2}{3}$ 代入③，得 $x_2=-\frac{1}{3}$.

所以，原方程组的解是 $\begin{cases} x_1=-1, \\ y_1=0; \end{cases}$ $\begin{cases} x_2=-\frac{1}{3}, \\ y_2=\frac{2}{3}. \end{cases}$

议一议

在例题1中，如果方程②用含 x 的代数式来表示 y，一样能解这个方程组吗？试一试，再与上面的解法进行比较，哪一种解法简便些？另外，为什么不考虑利用方程①来“代入消元”？

例题2 解方程组：$\begin{cases}4x^2-9y^2=15, & ①\\ 2x-3y=5. & ②\end{cases}$

解 由方程②，得 $x=\dfrac{3y+5}{2}$. ③

将③代入①，得 $4\left(\dfrac{3y+5}{2}\right)^2-9y^2=15.$

整理，得 $3y+1=0.$

解这个方程，得 $y=-\dfrac{1}{3}.$

将 $y=-\dfrac{1}{3}$ 代入③，得 $x=2.$

所以，原方程组的解是 $\begin{cases}x=2,\\ y=-\dfrac{1}{3}.\end{cases}$

如果对例题 2 中的两个方程进一步观察和分析，可见方程②的左边是方程①左边的一个因式. 于是，可利用“等量代换”，对原方程组进行变形，得到以下解法：

方程①可变形为 $(2x-3y)(2x+3y)=15.$ ④

由方程② $2x-3y=5$，可把方程④化为 $5(2x+3y)=15$，即 $2x+3y=3.$ ⑤

这里利用了“等量代换”，采用“整体代入”的方法，将二元二次方程①化为二元一次方程. 这是一种“降次”的策略.

于是，原方程组化为

$$\begin{cases}2x+3y=3,\\ 2x-3y=5.\end{cases}$$

解这个二元一次方程组，得

$$\begin{cases}x=2,\\ y=-\dfrac{1}{3}.\end{cases}$$

所以，原方程组的解是 $\begin{cases}x=2,\\ y=-\dfrac{1}{3}.\end{cases}$

想一想

上面解二元二次方程组的方法，是在把握方程①和②之间的特殊关系的基础上形成的特殊解法. 通过解例题 1 和例题 2，你对解二元二次方程组的基本思想和方法有什么认识？

归纳

解二元二次方程组的基本思想是“消元”，把它转化为解一元方程的问题.

对于含一个二元一次方程的二元二次方程组，采用代入消元法解方程组的一般步骤，可用流程图表述为：

将表达式代入二元二次方程，消去一个未知数，得到一个一元方程（次数不超过二次）.

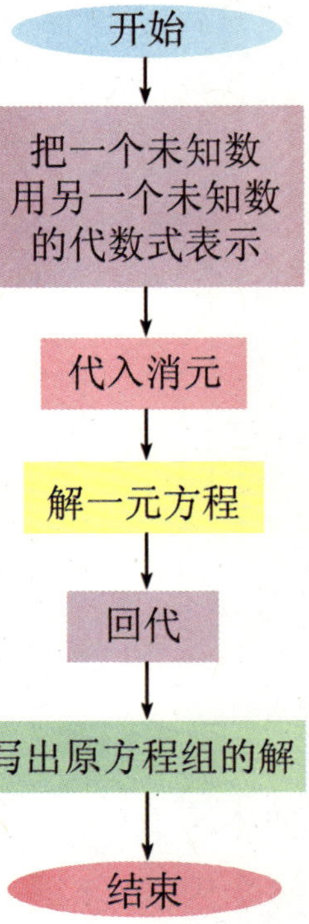

练习 21.6(1)

1. 解下列方程组：

(1) $\begin{cases} x-3y=0, \\ x^2+y^2=20; \end{cases}$ (2) $\begin{cases} x-2y=5, \\ x^2-y^2+2x+3y+7=0; \end{cases}$ (3) $\begin{cases} x+y=7, \\ xy=12. \end{cases}$

2. 有一位同学，对本节例题 1 的解题过程与课本有所不同. 他在求得 $y_1=0$，$y_2=\frac{2}{3}$ 后，后面的解题过程如下：

把 $y_1=0$ 代入①，得 $x^2+2\times0^2-1=0$，

解这个方程，得 $x=\pm1$.

把 $y_2=\frac{2}{3}$ 代入①，得 $x^2+2\times\left(\frac{2}{3}\right)^2-1=0$.

解这个方程，得 $x=\pm\frac{1}{3}$.

所以，方程组的解是

$$\begin{cases} x_1=1, \\ y_1=0; \end{cases} \quad \begin{cases} x_2=-1, \\ y_2=0; \end{cases} \quad \begin{cases} x_3=\frac{1}{3}, \\ y_3=\frac{2}{3}; \end{cases} \quad \begin{cases} x_4=-\frac{1}{3}, \\ y_4=\frac{2}{3}. \end{cases}$$

这位同学的解法正确吗？为什么？

3. 从方程组 $\begin{cases} x^2+y^2=8, \\ x+y=m \end{cases}$ 中消去 y，得到关于 x 的二次方程. 当 $m=3$ 时，这个关于 x 的方程有几个实数解？当 $m=4$ 时呢？当 $m=5$ 时呢？

观察

方程组
$$\begin{cases}x^2-3xy+2y^2=0, & ①\\ x^2+y^2=5 & ②\end{cases}$$
中的两个方程有什么特点？

问题

怎样解上面这个二元二次方程组？

方程①的左边是关于 x、y 的二次三项式，右边为 0，而且左边可以进行因式分解，则方程①可变形为两个一次因式的积等于零的形式. 于是，由方程①可得到两个二元一次方程，它们的解的全体与方程①的解的全体是相同的. 因此，如果将这两个二元一次方程分别与方程②联立成方程组，那么这两个新方程组的解的全体就是原方程组的解.

> 基本思路是利用方程①的特点"降次"，把原方程组化归为由一个二元一次方程与一个二元二次方程所组成的方程组.

解上面这个二元二次方程组的过程如下：

将方程①的左边分解因式，方程①可变形为

$$(x-y)(x-2y)=0.$$

得　　$x-y=0$　或　$x-2y=0$.

将它们与方程②分别组成方程组，得

$$(\text{Ⅰ})\begin{cases}x-y=0,\\ x^2+y^2=5\end{cases}\quad \text{或}\quad (\text{Ⅱ})\begin{cases}x-2y=0,\\ x^2+y^2=5.\end{cases}$$

> 如果二元二次方程组中有一个方程可变形为两个一次因式的积等于零的形式，那么解这个方程组的问题可转化为解由一个二元一次方程和一个二元二次方程所组成的方程组.

解方程组（Ⅰ），得

$$\begin{cases}x_1=\frac{1}{2}\sqrt{10},\\ y_1=\frac{1}{2}\sqrt{10};\end{cases}\quad \begin{cases}x_2=-\frac{1}{2}\sqrt{10},\\ y_2=-\frac{1}{2}\sqrt{10}.\end{cases}$$

解方程组（Ⅱ），得

$$\begin{cases}x_3=2,\\ y_3=1;\end{cases}\quad \begin{cases}x_4=-2,\\ y_4=-1.\end{cases}$$

所以，原方程组的解是

$$\begin{cases}x_1=\frac{1}{2}\sqrt{10},\\ y_1=\frac{1}{2}\sqrt{10};\end{cases}\quad \begin{cases}x_2=-\frac{1}{2}\sqrt{10},\\ y_2=-\frac{1}{2}\sqrt{10};\end{cases}\quad \begin{cases}x_3=2,\\ y_3=1;\end{cases}\quad \begin{cases}x_4=-2,\\ y_4=-1.\end{cases}$$

> 像这样解特殊的二元二次方程组的方法是**因式分解法**.

例题3　解方程组：

$$\begin{cases}x^2-9y^2=0, & ①\\ x^2-2xy+y^2=4. & ②\end{cases}$$

分析 方程①可变形为两个一次因式的积等于零的形式，因此，可用上面解方程组的方法解这个方程组.

如果再观察方程②，注意到它的左边是完全平方式，右边是2的平方，联想“若 $p^2=q^2$ 则 $p=\pm q$”，那么也可通过对方程②两边开平方，把方程②化为两个一次方程. 于是，由方程①所得的两个一次方程中的每一个分别与由方程②所得的两个一次方程组成方程组，这些方程组的解的全体就是原方程组的解的全体.

解 将方程①的左边分解因式，方程①可变形为

$$(x+3y)(x-3y)=0.$$

得 $x+3y=0$ 或 $x-3y=0$.

方程②可变形为 $(x-y)^2=4$.

两边开平方，得 $x-y=2$ 或 $x-y=-2$.

因此，原方程组可化为四个二元一次方程组：

$$\begin{cases}x+3y=0,\\x-y=2;\end{cases}\quad\begin{cases}x+3y=0,\\x-y=-2;\end{cases}\quad\begin{cases}x-3y=0,\\x-y=2;\end{cases}\quad\begin{cases}x-3y=0,\\x-y=-2.\end{cases}$$

分别解这四个方程组，得原方程组的解是

$$\begin{cases}x_1=\dfrac{3}{2},\\y_1=-\dfrac{1}{2};\end{cases}\quad\begin{cases}x_2=-\dfrac{3}{2},\\y_2=\dfrac{1}{2};\end{cases}\quad\begin{cases}x_3=3,\\y_3=1;\end{cases}\quad\begin{cases}x_4=-3,\\y_4=-1.\end{cases}$$

议一议

解二元二次方程组的基本思路是“消元”、“降次”，那么怎样利用方程组中方程的特点进行消元和降次？要注意什么？

练习 21.6(2)

1. 解方程组 $\begin{cases}(x-y)(x+y)=0,\\x^2+y^2=8\end{cases}$ 时，可以根据其特点把它化成两个方程组，这两个方程组分别是：

________________，________________.

2. 解下列方程组：

(1) $\begin{cases}x^2-2xy-3y^2=0,\\x^2-xy+y^2=3;\end{cases}$　　(2) $\begin{cases}x^2+4xy+4y^2=9,\\x^2+xy=0;\end{cases}$

(3) $\begin{cases}x^2+2xy+y^2=9,\\(x-y)^2-3(x-y)+2=0.\end{cases}$

第五节　列方程(组)解应用题

21.7　列方程(组)解应用题

方程是刻画现实世界中等量关系的重要工具.列方程(组)、解方程(组)是解决实际问题的重要方法.在一元一次方程、一次方程组、一元二次方程等的实际应用中,我们曾经归纳列方程(组)解应用题的一般步骤是:(1) 审题;(2) 设元;(3) 列方程(组);(4) 解方程(组);(5) 检验;(6) 解释.现在,我们在已有的学习基础上,应用简单的代数方程来解决一些简单的实际问题.

例题1　一辆汽车,新车购买价 20 万元,第一年使用后折旧 20%,以后该车的年折旧率有所变化,但它在第二、三年的年折旧率相同.已知在第三年年末,这辆车折旧后价值 11.56 万元,求这辆车第二、三年的年折旧率.

分析　本题中的一个基本等量关系是:

第三年末车的价值(万元)	=	新车购买价(万元)	×	第一年折旧后的剩余价值率	×	第二、三年两次折旧后的剩余价值率
11.56		20		(1−20%)		(1− 第二、三年的年折旧率)^2

解　设这辆车第二、三年的年折旧率为 x.根据题意,可列出方程

$$11.56=20(1-20\%)(1-x)^2.$$

整理,得　$(1-x)^2=0.7225$.

两边开平方,得　$1-x=\pm0.85$.

解得　$x_1=0.15$, $x_2=1.85$(不合题意,舍去).

所以　$x=0.15$,即　$x=15\%$.

答:这辆车第二、三年中的年折旧率为 15%.

例题2　为了配合教学的需要,某教具厂的木模车间要制作 96 个一样大小的正方体模型,准备用一块长 128 厘米、宽 64 厘米、高 48 厘米的长方体木材来下料.经教具生产设计师的精心设计,

若不计损耗，则该木材恰好用完，没有剩余. 求每个正方体模型的棱长是多少厘米.

由于不计损耗，所以木材的体积大小不变.

分析 本题的一个基本等量关系是：

96×一个正方体模型的体积 ＝ 长方体木材的体积

96×一个正方体模型的体积 → 96×棱长^3

长方体木材的体积 → 长×宽×高 → 128×64×48

解 设正方体模型的棱长为 $x(x>0)$ 厘米. 根据题意，可出列方程

$$96x^3=128\times64\times48,$$

即 $\qquad x^3=4\,096.$

解得 $\qquad x=16.$

已知长方体木材的长 128 厘米、宽 64 厘米、高 48 厘米，当正方体的棱长为 16 厘米时，因为 16 是 128、64、48 的公因数，所以可以下料.

为什么要说明 16 是 128、64、48 的公因数?

答：每个正方体模型的棱长是 16 厘米.

练习 21.7(1)

1. 在元旦前夕，某通讯公司的每位员工都向本公司的其他员工发出了 1 条祝贺元旦的短信. 已知全公司共发出短信 1 190 条，求该公司员工的人数.
2. 在一块长方形镜面玻璃的四周，镶上与它的周长相等的边框，制成一面镜子，镜子的长与宽的比是 3∶1. 已知镜面玻璃的价格是每平方米 100 元，边框的价格是每米 20 元，另外制作这面镜子还需要加工费 55 元. 如果制作这面镜子共花了 210 元，那么这面镜子的长和宽分别是多少米?
3. 某企业的年产值在三年内从 1 000 万元增加到 1 331 万元，如果这三年中每年的增长率相同，那么这三年中每年的年增长率是多少?

例题3 某市为了美化环境，计划在一定的时间内完成绿化面积 200 万亩的任务. 后来市政府调整了原定计划，不但绿化面积要在原计划的基础上增加 20%，而且要提前 1 年完成任务. 经测算，要完成新的计划，平均每年的绿化面积必须比原计划多 20 万亩，求原计划平均每年的绿化面积.

分析　本题中的一个基本等量关系是：

完成原计划 200 万亩绿化面积所需时间 − 完成新计划 200(1+20%)万亩绿化面积所需时间 = 提前的时间

↓

$\dfrac{200}{\text{原计划平均每年绿化面积}}$　　$\dfrac{200(1+20\%)}{\text{新计划平均每年绿化面积}}$　　1年

↓

$\dfrac{200(1+20\%)}{\text{原计划平均每年绿化面积}+20}$

> 工作时间$=\dfrac{\text{工作总量}}{\text{工作效率}}$

解　设原计划平均每年完成绿化面积 x 万亩. 根据题意，可列出方程

$$\frac{200}{x}-\frac{200(1+20\%)}{x+20}=1.$$

两边同时乘以 $x(x+20)$，再整理，得

$$x^2+60x-4\ 000=0.$$

解得　　$x_1=40$，$x_2=-100$.

经检验，$x_1=40$，$x_2=-100$ 都是原方程的根. 因为绿化面积不能为负数，所以取 $x=40$.

答：原计划平均每年完成绿化面积 40 万亩.

> 通过列方程来解某些实际问题，应注意检验. 不仅要检验求得的解是否适合方程，还要检验所得的解是否符合实际意义.

例题4　某中学八年级学生到离学校 15 千米的青少年营地举行庆祝十四岁生日活动，先遣队与大部队同时出发. 已知先遣队的行进速度是大部队行进速度的 1.2 倍，预计比大部队早半小时到达目的地. 求先遣队与大部队的行进速度.

分析　本题中的一个基本等量关系是：

路程 s = 速度 v × 时间 t .

由此可知，大部队与先遣队行进 15 千米所用的时间分别是 $\dfrac{15}{v_{\text{先遣队}}}$小时与$\dfrac{15}{v_{\text{大部队}}}$小时.

另外，本题还存在两个等量关系：

$$v_{\text{先遣队}}=1.2v_{\text{大部队}},$$

$$t_{\text{先遣队}}=t_{\text{大部队}}-\frac{1}{2}.$$

解　设大部队的行进速度为 x 千米/时，则先遣队的行进速度

为1.2x千米/时. 根据题意，可列出方程

$$\frac{15}{1.2x}=\frac{15}{x}-\frac{1}{2}.$$

解得　　$x=5$.

经检验，$x=5$ 是原方程的根，且符合题意.

当 $x=5$ 时，$1.2x=1.2\times5=6$.

答：大部队的行进速度为 5 千米/时，先遣队的行进速度为 6 千米/时.

练习 21.7(2)

1. 某校组织学生步行到科技展览馆参观. 学校与展览馆相距 6 千米，返回时由于步行速度比去时每小时少 1 千米，结果时间比去时多用了半小时. 求学生返回时步行的速度.
2. 小丽到一文具店用 12 元钱买某种练习本若干本. 隔了一段时间再去那个店，发现这种练习本正在“让利销售”中，每 1 本降价 0.2 元，这样用 12 元可以比上次多买 3 本. 小丽第一次买了多少本练习本？
3. 为了落实“珍惜和合理利用每一寸土地”的基本国策，某地区计划若干年内开发“改造后可利用土地”的面积达到 360 平方千米. 实际施工中，第一年比原计划每年开发的土地面积多 2 平方千米，如果按此进度继续开发，预计可提前 6 年完成任务. 实际施工中每年开发土地多少平方千米？

例题5　有两块正方形的瓷砖，其中小的一块瓷砖的面积比大的瓷砖面积小 40 平方分米. 已知大瓷砖的边长比小瓷砖的边长长 4 分米，求这两块瓷砖的面积分别是多少.

分析　本题中的一个基本等量关系是：

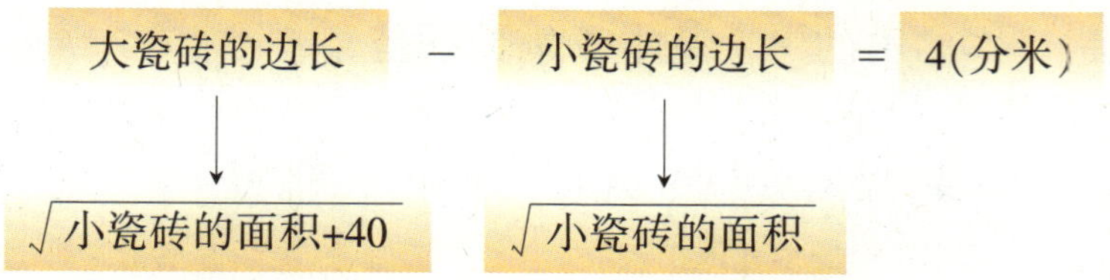

正方形的边长＝$\sqrt{\text{正方形的面积}}$

解　设小瓷砖的面积为 x 平方分米，则大瓷砖的面积为$(x+40)$平方分米. 根据题意，可列出方程

$$\sqrt{x+40}-\sqrt{x}=4.$$

解得　　$x=9$.

经检验，$x=9$ 是原方程的根，且符合题意.

当 $x=9$ 时，$x+40=9+40=49$.

答：这两块瓷砖的面积分别是 9 平方分米和 49 平方分米.

例题6 如图 21－3，l_1 是一条东西方向的道路，l_2 是一条南北方向的道路，这两条道路相交于点 O. 有一棵古树位于图中点 P 处，从古树到 l_1、l_2 的距离分别为 3 千米和 2 千米. 分别以 l_1 与 l_2 所在的直线为坐标轴（以 1 千米为长度单位）建立平面直角坐标系，如图 21－4 所示.

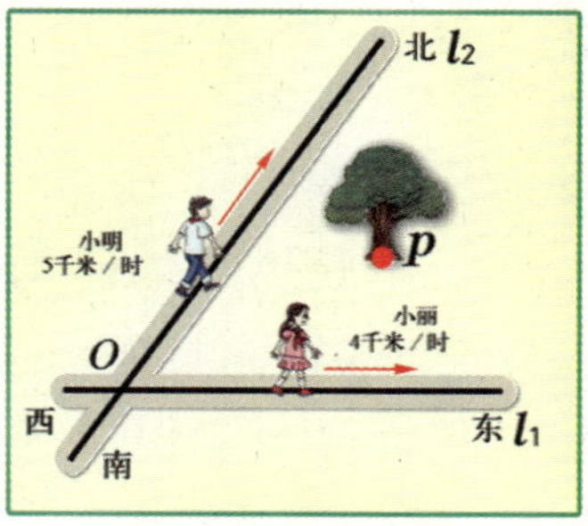

图 21－3

小明和小丽从点 O 处同时出发，其中小明沿着 l_2 以 5 千米/时的速度由南向北前进，小丽沿着 l_1 以 4 千米/时的速度由西向东前进.

（1）试用坐标表示这两人出发后经过 t 小时分别所到达的位置；

（2）两人出发后经过了多少时间，他们分别所在的位置与古树的距离恰好相等？

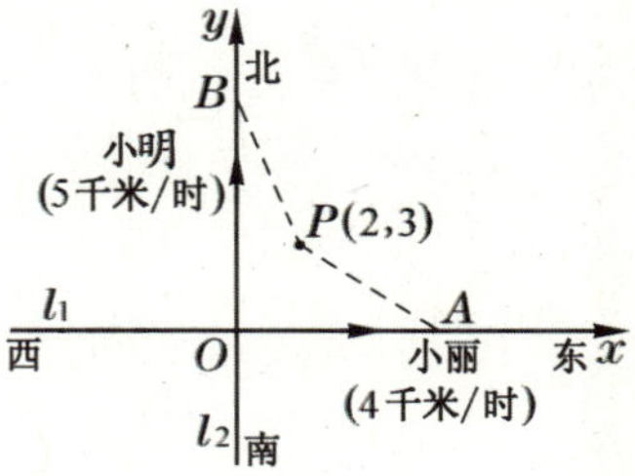

图 21－4

解 （1）设两人出发后经过 t 小时，小丽和小明分别所到达的位置为点 A 和点 B.

因为 $v_{小丽}=4$ 千米/时，$v_{小明}=5$ 千米/时，

所以 $OA=4t$，$OB=5t$，得点 $A(4t,0)$，点 $B(0,5t)$.

（2）古树的位置可表示为点 $P(2,3)$.

小丽经过 t 小时所到达的位置与古树的距离为

$$AP=\sqrt{(4t-2)^2+(0-3)^2}.$$

小明经过 t 小时所到达的位置与古树的距离为

$$BP=\sqrt{(0-2)^2+(5t-3)^2}.$$

当 $AP=BP$ 时，得

$$\sqrt{(4t-2)^2+9}=\sqrt{4+(5t-3)^2}.$$

解得 $t_1=0$， $t_2=\dfrac{14}{9}$.

经检验，t_1、t_2 都是原方程的根，但 $t_1=0$ 不合题意，舍去.

答：经过 $\dfrac{14}{9}$ 小时，两人与古树的距离恰好相等.

议一议

例题 5、例题 6 都是通过列哪种方程来求解的？它们与前面学过的列方程解应用题有什么相同点与不同点？

练习 21.7(3)

1. 有一个数，它的正平方根比它的倒数的正平方根的 3 倍多 2，求这个数.
2. 某学校修建两块面积相等的绿地，一块是长方形，另一块是正方形. 已知长方形绿地的长比宽多 14 米，且这两块绿地的周长之和为 196 米，那么长方形绿地的宽是多少米？

3. 试一试.

树根下有一蛇洞，树高 15 米. 树顶有一只苍鹰，它看见一条蛇迅速地向洞口爬去，在与洞口的距离还有三倍树高时，鹰向蛇的前方直扑过去. 如果鹰、蛇的速度相等，那么在蛇离洞口多远处，鹰能抓住蛇？（此题由古代印度数学家婆什迦逻的有趣问题改编而来.）

例题7 某街道因路面经常严重积水，需改建排水系统，市政公司准备安排甲乙两个工程队承接这项工程. 据评估，如果甲乙两队合作施工，那么 12 天可完成；如果甲队先做 10 天后，剩下的工程由乙队单独承担，还需 15 天才能完工. 甲乙两队单独完成此项工程各需多少天？

分析 根据“甲乙两个工程队合作施工 12 天可以完成”工程，可得等量关系：

甲队 12 天的工作量＋乙队 12 天的工作量＝该项工程总量.

根据“甲队先做 10 天后，剩下的工程由乙队单独承担，还需 15 天才能完工”，可得等量关系：

甲队 10 天的工作量＋乙队 15 天的工作量＝该项工程总量.

解 设甲乙两队单独完成此项工程分别需要 x 天和 y 天. 根据题意，可列出方程组

$$\begin{cases}\dfrac{12}{x}+\dfrac{12}{y}=1,\\ \dfrac{10}{x}+\dfrac{15}{y}=1.\end{cases}$$

可将该项工程的“总工作量”看作“1”.
总工作量＝工作效率×工作时间.

解这个方程组，得 $\begin{cases}x=20,\\ y=30.\end{cases}$

经检验，$\begin{cases}x=20,\\ y=30\end{cases}$ 是原方程组的解，且符合题意.

答：甲乙两队单独完成此项工程分别需要 20 天和 30 天.

想一想

例题 7 可通过列一元方程来解吗？试一试，再与上面的解法进行比较.

例题8 为缓解甲乙两地的旱情，某水库计划向甲乙两地送水，甲地需要水量 180 万立方米，乙地需要水量 120 万立方米. 现已两次送水，第一次往甲地送水 3 天，往乙地送水 2 天，共送水 84

万立方米；第二次往甲地送水 2 天，往乙地送水 3 天，共送水 81 万立方米. 如果向两地送水分别保持每天的送水量相同，那么完成往甲地、乙地送水任务还各需多少天？

分析 本题中的基本等量关系是：

往甲地送水 3 天的水量＋往乙地送水 2 天的水量＝84(万立方米).

往甲地送水 2 天的水量＋往乙地送水 3 天的水量＝81(万立方米).

解 设完成往甲地送水任务还需 x 天，完成往乙地送水任务还需 y 天. 根据题意，可列出方程组

$$\begin{cases}\dfrac{180}{x+5}\times3+\dfrac{120}{y+5}\times2=84,\\ \dfrac{180}{x+5}\times2+\dfrac{120}{y+5}\times3=81.\end{cases}$$

整理，得

$$\begin{cases}\dfrac{45}{x+5}+\dfrac{20}{y+5}=7,\\ \dfrac{40}{x+5}+\dfrac{40}{y+5}=9.\end{cases}$$

解这个方程组，得

$$\begin{cases}x=5,\\ y=3.\end{cases}$$

经检验，$\begin{cases}x=5,\\ y=3\end{cases}$是原方程组的解，且符合题意.

答：完成往甲地、乙地的送水任务还各需要 5 天和 3 天.

某地需水量＝某地每天的送水量×完成往某地送水任务的天数.

本题也可以通过间接设元，列出二元一次方程组求解，且解题过程更为简单，不妨试一试.

议一议

例题 7、例题 8 与前面学过的列方程解应用题有什么相同点与不同点？

在实际问题中，经常会遇到有多个未知量的问题，我们可以列方程组来求解.

练习 21.7(4)

1. 小杰与小丽分别从相距 27 千米的 A、B 两地同时出发相向而行，3 小时后相遇. 相遇后两人按原来的速度继续前进，小杰到达 B 地比小丽到达 A 地早 1 小时 21 分. 小杰与小丽的行进速度分别是多少？

2. 甲乙两个工程队修建某段公路. 如果甲乙两队合作,24 天可以完成;如果甲队单独做 20 天后,剩下的工程由乙队独做,还需 40 天才能完成. 甲乙两队单独完成此段公路的修建各需要多少天?

3. 试一试.

小丽的叔叔分别用 900 元和 1 200 元钱从甲乙两地购进数量不等的同一商品,已知乙地商品比甲地商品每件便宜 3 元,当他按每件 20 元销售完时,可赚1 100元. 小丽的叔叔从甲乙两地分别购进这种商品多少件?

21

本章小结

本章学习了简单的高次方程、分式方程、无理方程以及简单的二元二次方程（组）的概念及其解法，学习了列方程解应用题. 到本章为止，可以说初等代数方程的基本知识内容已经大体完整.

在探索各类方程（组）的解法的过程中，基本的思路是“高次化低次、分式化整式、无理化有理、多元化一元”，把解新方程的问题转化为解熟悉的方程，其中体现了数学的“化归”思想. 对方程（组）解法的具体探讨，重视运用等式的性质和数的运算性质，运用“降次”、“消元”等基本策略；采用了“换元法”、“代入法”、“因式分解法”等数学方法. 由于分式方程和无理方程在“转化”过程中可能会产生增根，因此，在解这两类方程时，对变形后的方程求得的解必须进行检验. 另外，学习列方程解应用题时，经历了将实际问题转化为数学问题的“数学化”过程，从中可以感受到“数学抽象”在处理实际问题中的作用.

本章知识结构图如下：

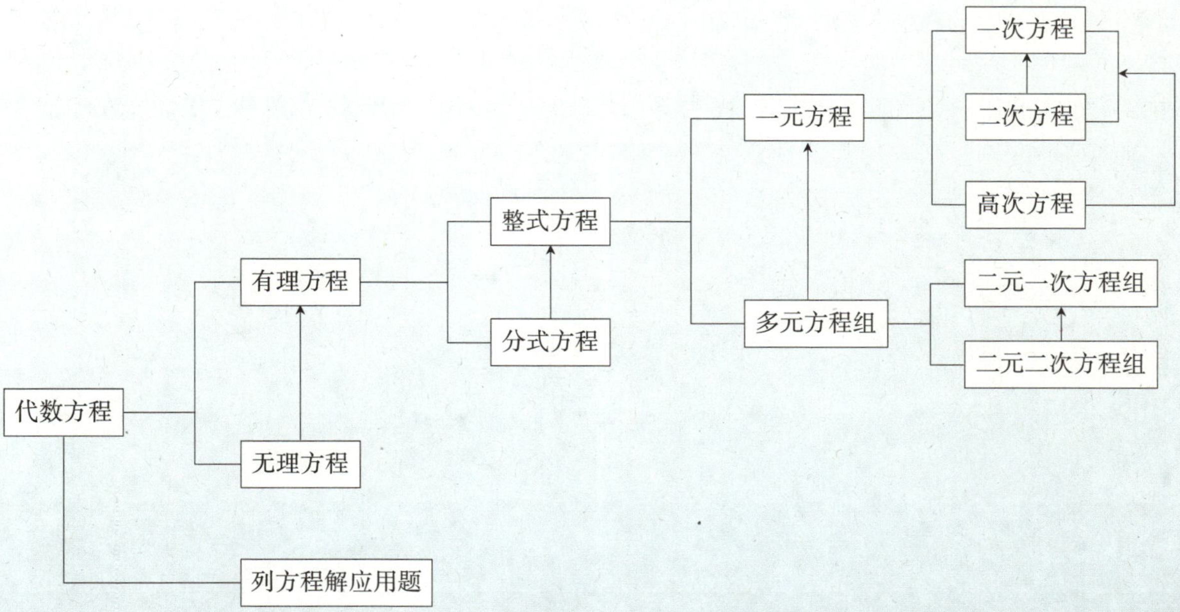

21

阅读材料

一些特殊的一元高次方程的解法

设

$$f(x)=a_0x^n+a_1x^{n-1}+a_2x^{n-2}+\cdots+a_{n-1}x+a_n,$$

其中 $a_0\neq0$，n 是大于 2 的整数，那么 $f(x)=0$ 是一个关于 x 的一元高次方程.

我们来讨论一些特殊的一元高次方程的解法.

问题1

怎样解方程 $x^4-5x^2+4=0$？ ①

探究

由方程①的形式，可以联想一元二次方程. 如果将方程①中的 x^2 用辅助未知数 y 代替，同时 x^4 用 y^2 代替，那么方程①就转化为一个一元二次方程

$$y^2-5y+4=0. \quad ②$$

由方程②求出 y 的值，再用 x^2 代替 y（即“回代”），可求出 x 的值，即方程①的根.

解方程②，得

$$y_1=1,y_2=4.$$

由 $y_1=1$，得 $x^2=1$，解得

$$x=\pm1;$$

由 $y_2=4$，得 $x^2=4$，解得

$$x=\pm2.$$

所以，方程①的根是

$$x_1=1,x_2=-1,x_3=2,x_4=-2.$$

归纳

在四次方程①中，左边是三项式，各项的次数分别是 4 次、2 次和 0 次（常数项不是 0 时，规定它的次数为 0），即都是偶数次；右边是 0.

一般地，只含有未知数的偶数次项的一元四次方程，叫做双二次方程.

解关于 x 的双二次方程 $ax^4+bx^2+c=0$（其中 a、b、c 全不为零）时，可将原方程转化为关于 y 的一元二次方程 $ay^2+by+c=0$，然后解这个关于 y 的方程，再求原方程的根. 其一般过程是：(1) 换元；(2) 解一元二次方程；(3) 回代.

这种用辅助未知数解方程的方法，叫做换元法.

思考

是否能用换元法解关于 x 的一元高次方程 $ax^{2k}+bx^k+c=0$（a、b、c 全不为零，k 是大于 2 的整数）？

试一试，解方程 $3x^6-2x^3-1=0$（近似根精确到 0.01）.

问题2

怎样解方程 $x^3-x^2-2x=0$？ ③

探究

观察方程③，左边是一个容易分解因式的多项式，右边是 0. 联想解特殊的一元二次方程的类似情况，可把解高次方程③转化为解次数较低的方程.

将方程③左边分解因式，得

$$x^3-x^2-2x=x(x^2-x-2)=x(x-2)(x+1).$$

于是方程③可变形为

$$x(x-2)(x+1)=0,$$

得

$$x=0 \text{ 或 } x-2=0 \text{ 或 } x+1=0.$$

解得

$$x=0 \text{ 或 } x=2 \text{ 或 } x=-1.$$

所以，方程③的根是

$$x_1=0, x_2=2, x_3=-1.$$

归纳

解方程③时，对方程的一边进行了因式分解（另一边是 0）. 这种解一元高次方程的方法叫做因式分解法.

一般地，如果一个一元高次方程的一边是 0 而另一边易于分解因式，那么可以用因式分解法来解这个高次方程.

对于一元高次方程 $f(x)=0$，如果易知

$$f(x)=f_1(x)\cdot f_2(x)\cdot\cdots\cdot f_k(x),$$

那么解原方程可转化为分别解方程

$$f_1(x)=0, f_2(x)=0, \cdots, f_k(x)=0.$$

解这些方程所得的根都是原方程的根.

解高次方程的基本思想，通常是采用有效的方法进行“降次”，从而化归为解次数较低的方程的问题. 常用的“降次”方法有开方、配方、换元、分解因式等.

思考

怎样解方程 $(x^2+2x)^2-14(x^2+2x)-15=0$？

尝试用两种方法求解并进行比较.

Sibianxing

22

第二十二章　四边形

现实世界中随处可见各种各样的多边形形象.

我们在小学已经认识了一些特殊的多边形，知道三角形、长方形、正方形、平行四边形、梯形的一些性质，会计算它们的周长和面积.进入中学，我们曾经对三角形进行过系统的学习，对一般三角形、特殊三角形以及全等三角形，从概念到性质，有了理性的认识.本章将在整理多边形初步知识的基础上，从逻辑推理的角度研究特殊的四边形，分析它们的区别和联系，探索并证明它们的性质与判定，进一步提高分析问题、解决问题的能力.

第一节　多边形

22.1　多边形

1. 多边形的内角和

三角形是由不在同一直线上的三条线段首尾顺次联结所组成的封闭图形.现在,我们把三角形的概念推广:

由平面内不在同一直线上的一些线段首尾顺次联结所组成的封闭图形叫做**多边形**(polygon).

由 n 条线段组成的多边形就称为 n 边形,如四边形、五边形、六边形等.在生活中,多边形无处不在,如下列图中的窗户、地砖、昆虫的眼睛等,从中可见三角形、四边形、六边形、八边形等多边形的形象.

组成多边形的线段至少有三条,三角形是最简单的多边形.

组成多边形的每一条线段叫做**多边形的边**;相邻的两条线段的公共端点叫做**多边形的顶点**.

多边形的各顶点通常用大写的英文字母表示.如图 22－1,五边形的顶点依次分别是 A、B、C、D、E,记作五边形 $ABCDE$.

多边形相邻两边所成的角叫做**多边形的内角**.在图 22－1 中,$\angle A$、$\angle B$、$\angle C$、$\angle D$、$\angle E$ 都是五边形 $ABCDE$ 的内角.

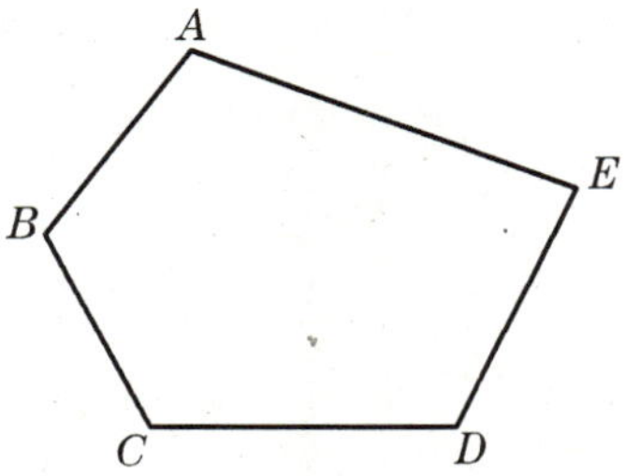

图 22－1

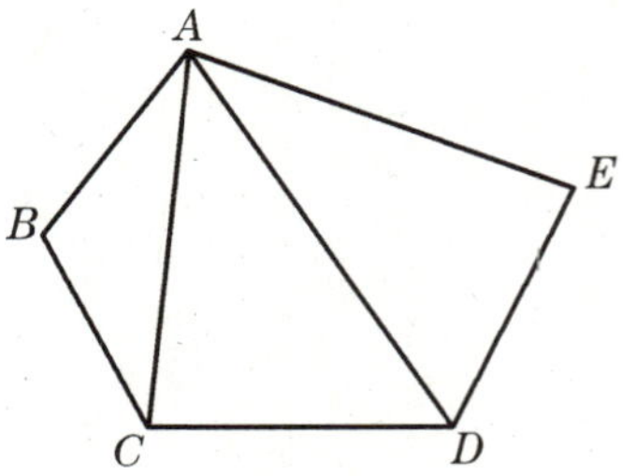

图 22－2

联结多边形的两个不相邻顶点的线段,叫做**多边形的对角线**(diagonal).如图 22－2 中,AC、AD 是五边形 $ABCDE$ 的两条对角线.

对于一个多边形，画出它的任意一边所在的直线，如果其余各边都在这条直线的一侧，那么这个多边形叫做**凸多边形**；否则叫做**凹多边形**. 如图 22—3 是凸四边形，图 22—4 是凹四边形.

本章所讨论的多边形都是凸多边形.

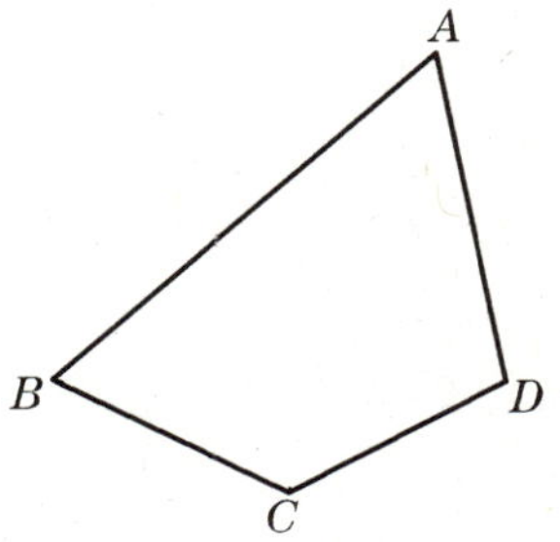

图 22—3

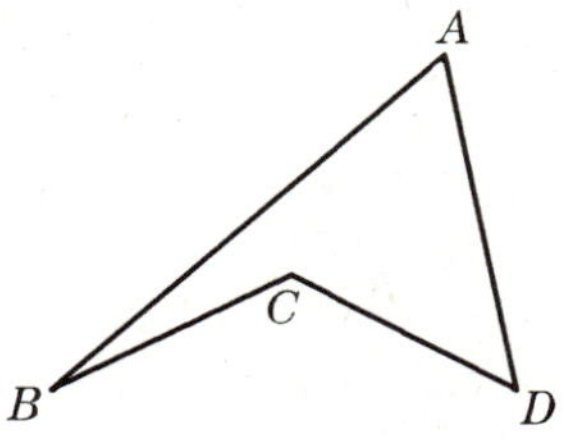

图 22—4

问题1

我们已经知道三角形的内角和为 180°，那么四边形的内角和等于多少度？五边形呢？六边形呢？能推出 n 边形的内角和等于多少度吗？

在四边形中，一条对角线把这个四边形分成两个三角形，这样四边形的内角和就归结为两个三角形的内角和. 由此想到，如图 22—5，可通过画出多边形的对角线，把求多边形内角和的问题转化成三角形内角和的问题.

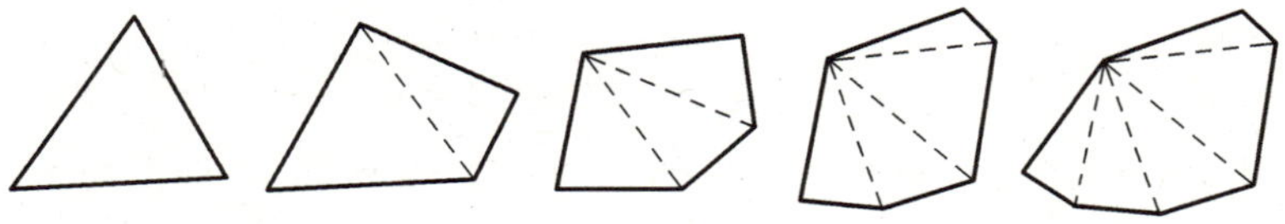

图 22—5

探究

根据图 22—5 完成下列表格：

多边形的边数	4	5	6	7	…	n
分成的三角形的个数						
多边形的内角和度数						

由 n 边形内角和的推导，得到以下定理：

多边形内角和定理　n 边形的内角和等于 $(n-2)\cdot180°$.

想一想

上面通过从多边形的一个顶点出发画出相应的各条对角线，

把求多边形的内角和转化为求几个三角形的内角和. 还有其他方法吗？试一试.

例题1　求十边形的内角和.

解　$(10-2)\times180°=8\times180°=1\,440°$.

答：十边形的内角和为 $1\,440°$.

例题2　已知一个多边形的内角和等于 $2\,160°$，求这个多边形的边数.

解　设这个多边形的边数为 n，根据题意，得

$$(n-2)\cdot180°=2\,160°.$$

即　$n-2=12$.

解得　$n=14$.

答：这个多边形的边数为 14.

练习 22.1(1)

1. 画出图中多边形的所有对角线.

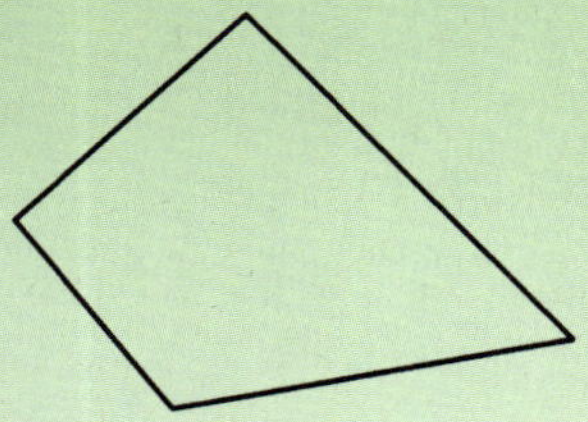

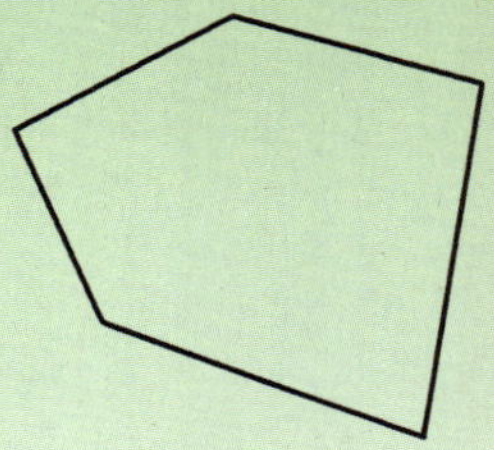

2. 求下列图形中 x 的值.

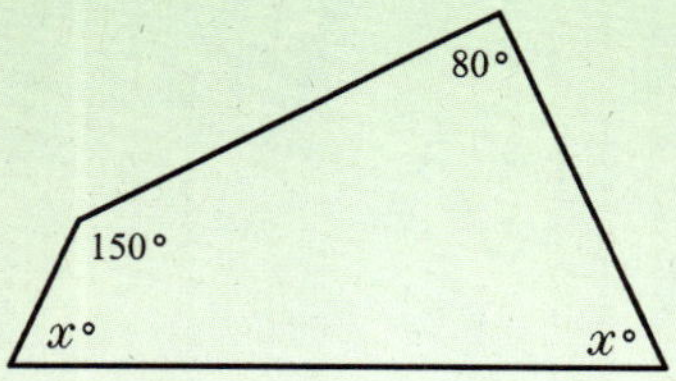

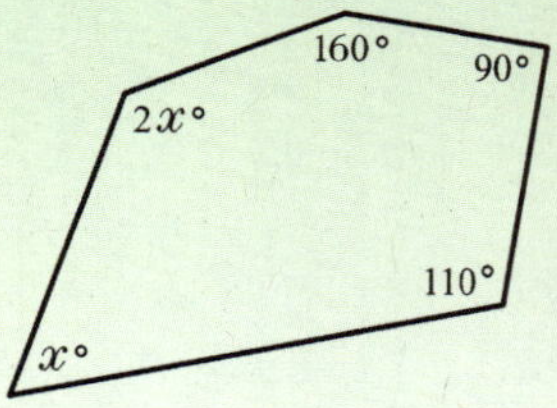

3. 用图中添辅助线的方法能推导出五边形的内角和吗？

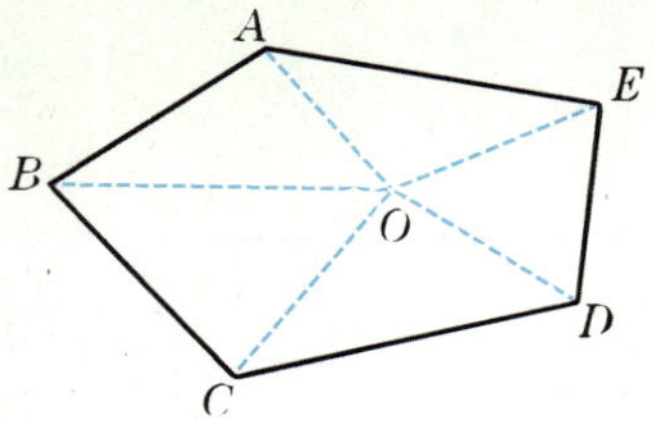

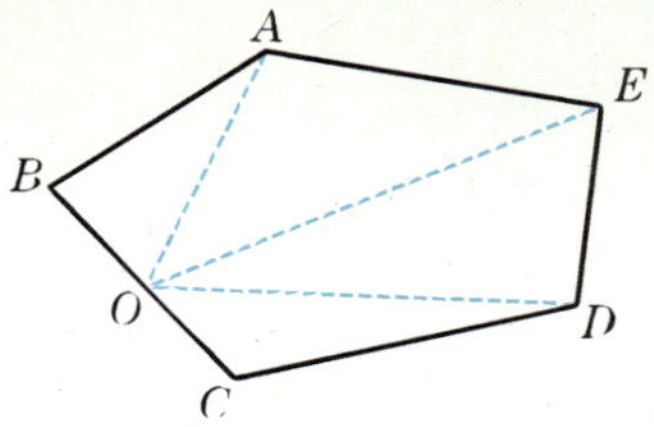

4. 已知一个多边形的每个内角都是 160°，它是几边形？

2. 多边形的外角和

多边形的一个内角的邻补角叫做**多边形的外角**. 如图 22－6，DF 是边 DC 的反向延长线，可知$\angle EDF$与$\angle EDC$互为邻补角，则$\angle EDF$是五边形 $ABCDE$ 的一个外角；$\angle EDC$是与这个外角相邻的内角. 多边形的外角中，与同一个内角相邻的外角有两个，这两个角互为对顶角，它们的大小相等. 如图 22－7 中，$\angle CDG$与$\angle EDF$是五边形 $ABCDE$ 的外角中具有这种关系的两个外角.

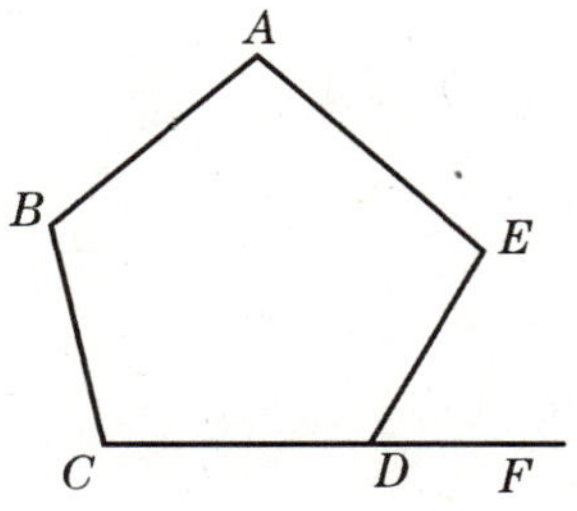

图 22－6

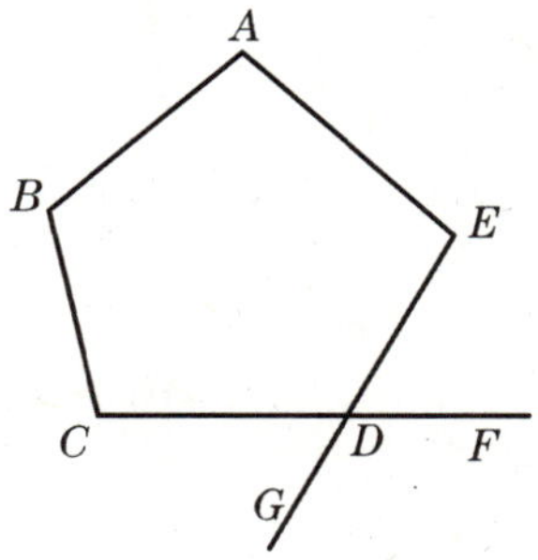

图 22－7

对多边形的每一个内角，从与它相邻的两个外角中取一个，这样取得的所有外角的和，叫做**多边形的外角和**.

问题2

多边形的内角和随着边数的增加而增大，那么多边形的外角和是否也是随着边数的变化而变化呢？

探究

我们先以六边形为例，来探究多边形的外角和.

对六边形 $ABCDEF$ 的每一个内角，分别取一个与它相邻的外角，如图 22－8，则$\angle 1+\angle 2+\angle 3+\angle 4+\angle 5+\angle 6$是这个六边形的外角和.

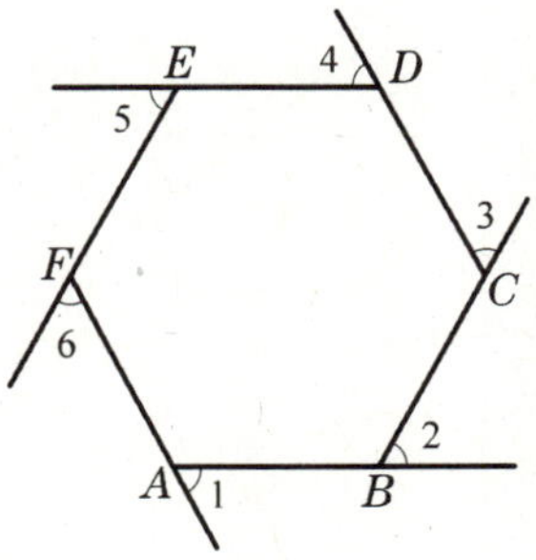

图 22－8

思考以下问题：

(1) 任一外角与同它相邻的内角之和是多少度？

(2) 这六个外角的和与六个内角的和相加，所得的总和是多少度？

(3) 六边形的内角和是多少度？

多边形的任一外角与同这个外角相邻的内角互补.

多边形的外角和与多边形的边数的多少无关，是一个不变量.

通过对上述问题的探究可以得到，六边形的外角和等于

$$6\times180^\circ-(6-2)\times180^\circ=2\times180^\circ=360^\circ.$$

对于一个 n 边形，因为任一外角与同它相邻的内角之和等于 180°，所以 n 边形的外角和加内角和等于 $n\cdot180^\circ$，则外角和

等于

$$n\cdot 180^\circ-(n-2)\cdot 180^\circ=360^\circ.$$

于是得到：**多边形的外角和等于360°.**

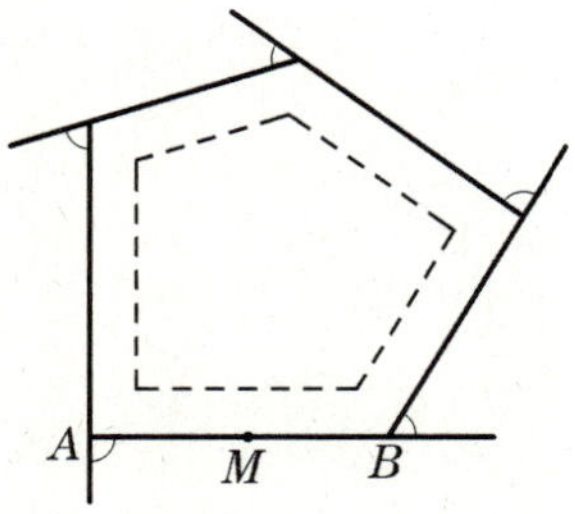

图 22—9

例题3 某城市的外环线呈五边形，如图 22—9 所示. 一辆汽车从外环线 AB 段的 M 处出发，按逆时针方向在外环线上行驶一周，汽车转弯的角度和是多少度？为什么？

解 汽车从五边形的边 AB 上一点 M 处出发，沿着五边形的各边行驶一周，然后回到 M 处，行程中只是在各个顶点处改变了方向，每次转弯所成的角是这个五边形的一个外角. 所以，汽车转弯的角度和等于五边形的外角和，即 360°.

> 汽车沿着任一多边形行驶一周，其行驶的方向恰好转动了一个周角. 这个简明的事实，可以看作是多边形的外角和等于 360° 的一种直观解释.

例题4 一个多边形的每个外角都是 72°，这个多边形是几边形？

解 设多边形的边数为 n，根据题意，得

$$n\cdot 72^\circ=360^\circ.$$

解得 $n=5$.

答：这个多边形是五边形.

> 这个多边形的每个内角都是 108°，因此也可利用内角和公式求它的边数.

例题5 如图 22—10，$\angle BCE$ 是四边形 $ABCD$ 的一个外角，如果 $\angle BCE=\angle A$，求 $\angle B+\angle D$ 的度数.

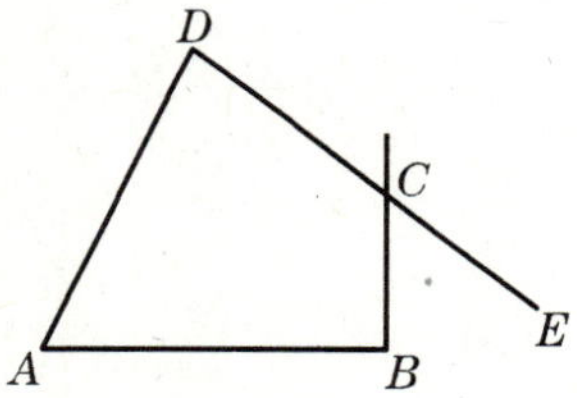

图 22—10

解 ∵ $\angle BCE+\angle BCD=180^\circ$，$\angle BCE=\angle A$，

∴ $\angle A+\angle BCD=180^\circ$.

∵ $\angle A+\angle B+\angle BCD+\angle D=360^\circ$（四边形的内角和等于 360°），

∴ $\angle B+\angle D=360^\circ-(\angle A+\angle BCD)$

$=360^\circ-180^\circ$

$=180^\circ$.

想一想

图 22—10 中，如果 $\angle B$ 与 $\angle D$ 互为补角，那么 $\angle BCE$ 与 $\angle A$ 的大小相等吗？

练习 22.1(2)

1. 如果一个多边形的内角和与外角和相等，那么这个多边形的边数是多少？
2. 如果一个多边形的每个外角都等于 20°，那么这个多边形的内角和是多少度？
3. 在一个多边形中，它的内角中最多有几个是锐角？

第二节　平行四边形

22.2　平行四边形

教室里的黑板、房间里的玻璃窗、小区门口的移动门等，都给我们以平行四边形的形象.

两组对边分别平行的四边形叫做**平行四边形**(parallelogram).

平行四边形用符号“▱”表示. 如图 22－11 所示的平行四边形 $ABCD$，记作“▱$ABCD$”.

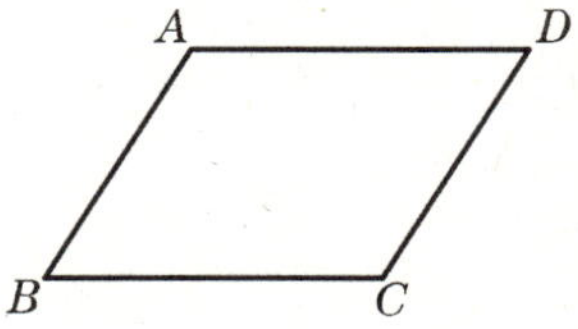

图 22－11

1. 平行四边形的性质

平行四边形是特殊的四边形，它的基本特征是两组对边分别平行. 我们再来分析它的其他特征.

问题 1

如图 22－12，▱$ABCD$ 被对角线 BD 分为△ABD 和△BCD. 这两个三角形是否全等？如果它们全等，那么可以得到▱$ABCD$ 的对边之间、对角之间有什么等量关系？

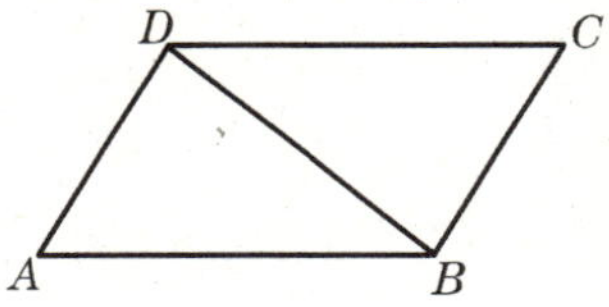

图 22－12

在△ABD 和△BCD 中，BD 是公共边，而且 $\angle ABD = \angle CDB$(为什么?)，$\angle ADB = \angle CBD$(为什么?)，所以△ABD≌△CDB(为什么?).

利用全等三角形的性质，可知

$$AB=CD, AD=BC; \angle A= \angle C.$$

又由$\angle ABD+\angle CBD=\angle CDB+\angle ADB$，可得

$$\angle ABC=\angle ADC.$$

我们把以上等量关系概括为平行四边形的性质：

平行四边形性质定理 1　如果一个四边形是平行四边形，那么这个四边形的两组对边分别相等.

简述为：**平行四边形的对边相等.**

回顾问题 1 的分析过程，你能证明性质定理 1 和 2 吗？

平行四边形性质定理 2　如果一个四边形是平行四边形，那么这个四边形的两组对角分别相等.

简述为：**平行四边形的对角相等.**

议一议

如图 22－13，如果 $l_1 // l_2$，AB、CD 是夹在 l_1、l_2 之间的任意两条平行线段，那么 AB 与 CD 一定相等吗？为什么？

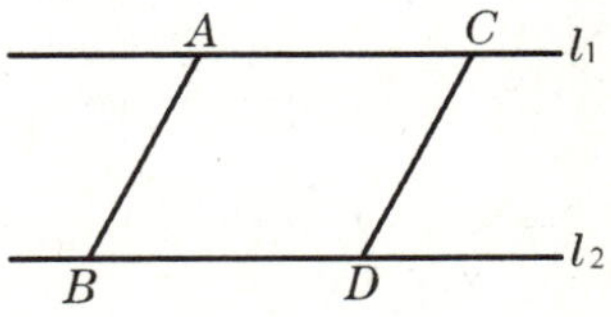

图 22－13

利用平行四边形性质定理1，我们得到：

夹在两条平行线间的平行线段相等.

于是，从 l_1（或 l_2）上任意两点分别作垂直于 l_2（或 l_1）的线段，因为所作垂线段是夹在平行线 l_1、l_2 间的平行线段，所以它们相等. 由此可见，如果两条直线平行，那么一条直线上任意一点到另一条直线的距离都相等. 因此，可以把两条平行线中一条直线上任意一点到另一条直线的距离定义为两条平行线的距离.

我们在七年级直观地认识了“两条平行线的距离”，现在可知它的理论依据.

例题1 小强用一根长度为 36 cm 的铁丝围成了一个平行四边形的模型，其中一边长是 8 cm，其他三边的长分别是多少？

解 把这个平行四边形模型表示为▱$ABCD$，设边 AB 的长是 8 cm，如图 22－14 所示.

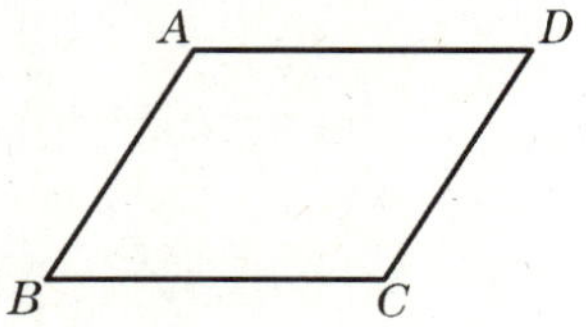

图 22－14

在▱$ABCD$ 中，$AB=DC$，$AD=BC$（平行四边形的对边相等）.

∵ $AB=8(\text{cm})$，$AB+DC+AD+BC=36(\text{cm})$，

得 $DC=8(\text{cm})$；$2AD=36-2AB=36-16=20(\text{cm})$.

∴ $AD=10(\text{cm})$，$BC=10(\text{cm})$.

答：其他三边的长分别是 8 cm、10 cm、10 cm.

例题2 如图 22－15，在▱$ABCD$ 中，$\angle A$ 比 $\angle B$ 大 $60°$，求这个平行四边形各个内角的度数.

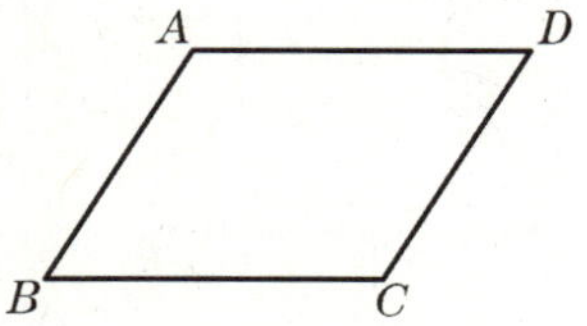

图 22－15

解 在▱$ABCD$ 中，$\angle A=\angle C$，$\angle B=\angle D$（平行四边形的对角相等）.

∵ $AD /\!/ BC$（平行四边形的定义），

∴ $\angle A+\angle B=180°$.

设 $\angle A=x°$，$\angle B=y°$，又 $\angle A$ 比 $\angle B$ 大 $60°$，则

$$\begin{cases} x-y=60, \\ x+y=180. \end{cases} \quad 解得 \begin{cases} x=120, \\ y=60. \end{cases}$$

所以，$\angle A=\angle C=120°$，$\angle B=\angle D=60°$.

练习 22.2(1)

1. (1) 已知▱$ABCD$ 中，$\angle A=60°$，求其他各内角的度数.
   (2) 已知▱$ABCD$ 的周长等于 48，$AB=2BC$，求各边的长.
2. 如图，已知 EF、ED、FD 分别过△ABC 的顶点 A、B、C，且 $EF /\!/ BC$，$ED /\!/ AC$，$FD /\!/ AB$.
   (1) 指出图中所有的平行四边形；
   (2) 求证：点 A、B、C 分别是线段 EF、ED、DF 的中点.

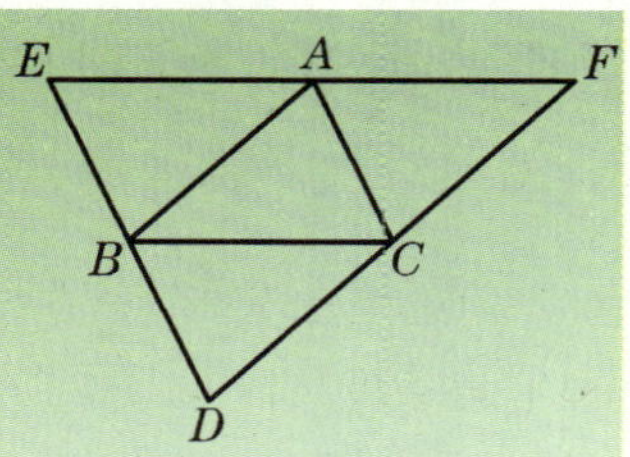

（第 2 题）

3. 已知：如图，▱$ABCD$ 中，$AE \perp BD$，$CF \perp BD$，垂足分别为点 E、F.
   求证：$AE=CF$.

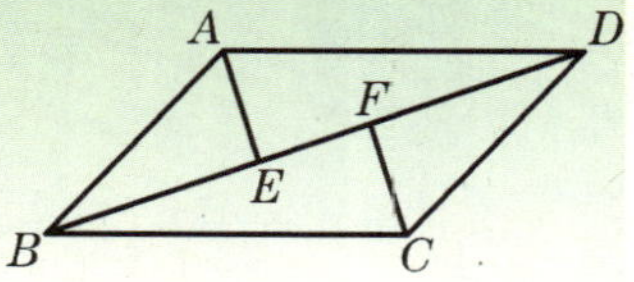

（第 3 题）

问题2

平行四边形的两条对角线把这个平行四边形分为四个三角形. 如图 22－16，▱$ABCD$ 的对角线 AC 和 BD 相交于点 O，由 AC 和 BD 分▱$ABCD$ 所得的四个三角形中，有全等三角形吗？如果有，是哪几对？

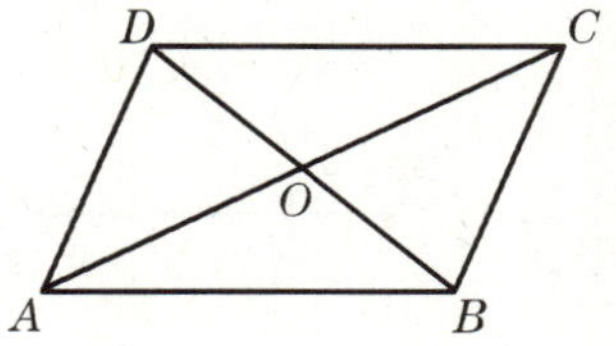

图 22－16

在$\triangle AOB$ 和$\triangle COD$ 中，

由 AB 和 CD 是▱$ABCD$ 的对边，可知 $AB=CD$；

由$\angle AOB$ 和$\angle COD$ 是对顶角，可知$\angle AOB=\angle COD$.

再由平行四边形的定义，得 $AB \parallel CD$，可知$\angle OAB=\angle OCD$（为什么）.

因此，$\triangle AOB \cong \triangle COD$（为什么）.

同理可得$\triangle AOD \cong \triangle COB$.

议一议

利用问题 2 的结论，可以得到对角线 AC 和 BD 中含有哪些等量关系？▱$ABCD$ 具有某种对称性吗？

由$\triangle AOB \cong \triangle COD$，可得

$$AO=OC, \quad BO=OD.$$

再由点 O 是对角线 AC 的中点，也是对角线 BD 的中点，可以知道，如果将▱$ABCD$ 绕点 O 旋转 180°，那么点 A 与点 C 重合、点 B 与点 D 重合，因此▱$ABCD$ 与自身重合，即▱$ABCD$ 关于点 O 对称.

我们把上述结论也概括为平行四边形的性质.

平行四边形性质定理 3　如果一个四边形是平行四边形，那么这个四边形的两条对角线互相平分.

简述为：平行四边形的两条对角线互相平分.

平行四边形性质定理 4　平行四边形是中心对称图形，对称中心是两条对角线的交点.

回顾问题 2 的分析和讨论过程，你能证明性质定理 3 吗？

平行四边形的性质定理是推理的依据，下面举例来说明它们的基本运用.

例题3　已知：如图 22－17，▱$ABCD$ 中，对角线 AC、BD 相交于点 O，EF 过点 O 且与边 AB、CD 分别相交于点 E、F.

求证：$OE=OF$.

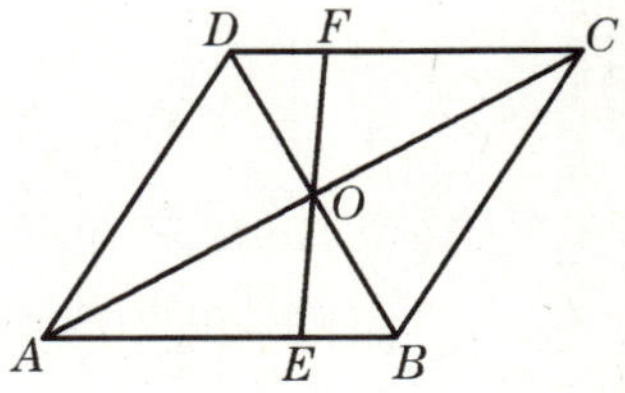

图 22－17

分析　要证明 $OE=OF$，只要证明它们分别所在的两个三角形全等.

证明　∵　四边形 $ABCD$ 是平行四边形，

∴　$OD=OB$（平行四边形的两条对角线互相平分）；

且　$AB/\!/DC$（平行四边形的定义），

得　$\angle FDO=\angle EBO$.

又∵　$\angle DOF=\angle BOE$，

∴　$\triangle DFO\cong\triangle BEO$（A. S. A）.

∴　$OE=OF$.

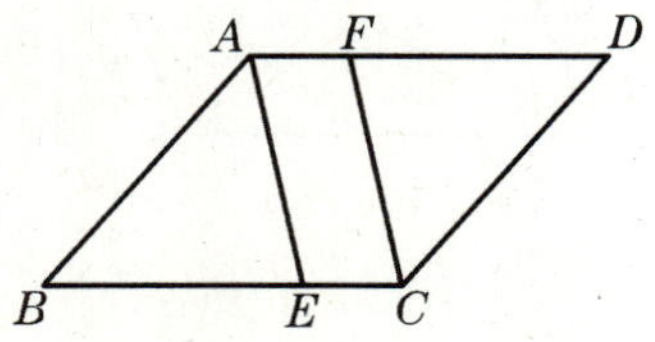

图 22－18

例题4　已知：如图 22－18，▱$ABCD$ 中，E、F 分别是 BC、AD 上的点，且 $AE/\!/CF$.

求证：$\angle BAE=\angle DCF$.

分析　要证明 $\angle BAE=\angle DCF$，可证明它们分别所在的两个三角形全等；也可直接运用平行四边形的定义和性质证明.

证明　∵　四边形 $ABCD$ 是平行四边形，

∴　$AD/\!/BC$（平行四边形的定义）；

$\angle BAD=\angle DCB$（平行四边形的对角相等）.

又∵　$AE/\!/CF$，

∴　四边形 $AECF$ 是平行四边形（平行四边形的定义）.

得　$\angle EAF=\angle FCE$（平行四边形的对角相等）.

∵　$\angle BAE=\angle BAD-\angle EAF$，

$\angle DCF=\angle DCB-\angle FCE$，

∴　$\angle BAE=\angle DCF$.

练习 22.2(2)

1. 已知：如图，▱$ABCD$ 中，$AD=4$ cm，$AC=10$ cm，$BD=6$ cm，$\triangle AOD$ 的周长是多少？$\triangle AOD$ 和 $\triangle AOB$ 的面积有什么关系？为什么？

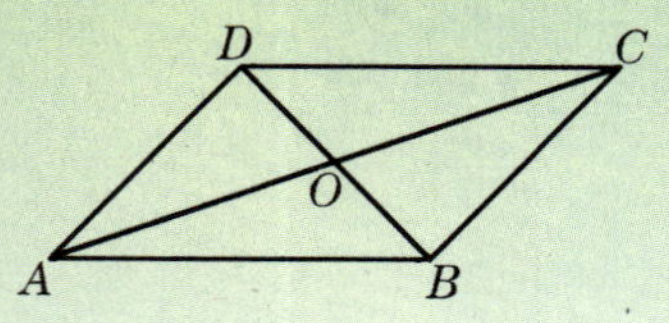

（第 1 题）

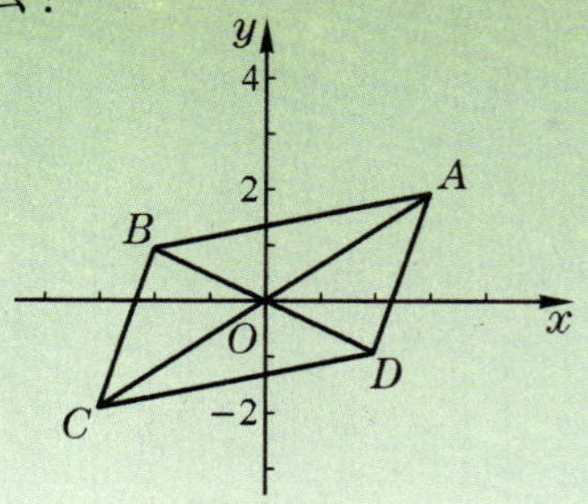

（第 2 题）

2. 如图，在直角坐标平面内，▱$ABCD$ 的对角线的交点正好与坐标原点重合，且点 A、B 的坐标分别为 $(3,2)$、$(-2,1)$. 求点 C、D 的坐标.

3. 如图，在▱$ABCD$ 中，E 为 CD 的中点，联结 BE 并延长，交 AD 的延长线于点 F，求证：E 是 BF 的中点，D 是 AF 的中点.

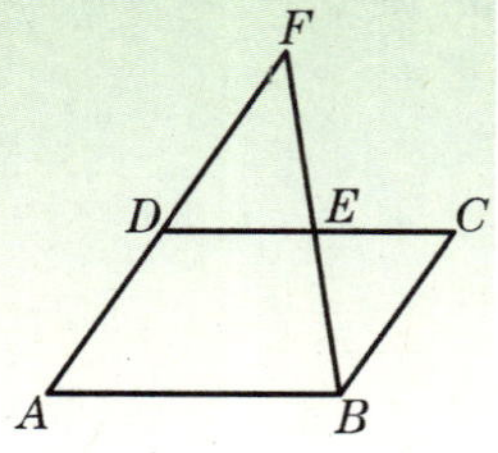

（第 3 题）

2. 平行四边形的判定

在前面的学习中，我们通过对平行四边形的边、角、对角线的有关特征进行分析，得到了平行四边形的性质. 反过来，具有什么样的性质的四边形一定是平行四边形呢？

观察

用四根细木条做一个平行四边形的框架，并在相邻的两根木条叠交处各钉一枚小钉来固定. 如图 22－19 所示，所搭框架为平行四边形 $ABCD$（小钉位于顶点），这时它的两组对边分别相等.

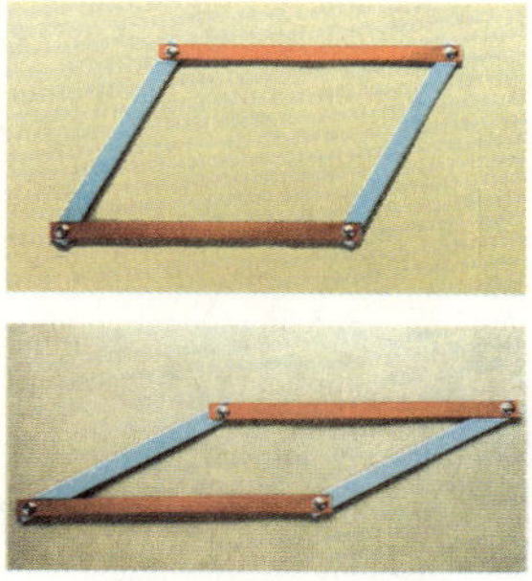

图 22－19

推移这个框架的边，使它的形状改变. 由于小钉的固定作用，可见框架保持为四边形且两组对边分别相等. 在直观上还感觉到，这个四边形的形状始终保持为平行四边形. 这一直觉是否正确，需要有判定的依据. 联想平行四边形的性质定理 1，我们来研究它的逆命题.

四边形不具有稳定性. 给定四边形各边的长，其形状和大小不确定.

问题3

平行四边形的性质定理 1 的逆命题是什么？这个逆命题是真命题吗？

逆命题是“如果一个四边形的两组对边分别相等，那么这个四边形是平行四边形”.

探究

要判断一个命题为真命题，需要进行证明. 我们来尝试证明这个逆命题是真命题.

已知：如图 22－20，四边形 $ABCD$ 中，$AB=CD$，$AD=BC$.

求证：四边形 $ABCD$ 是平行四边形.

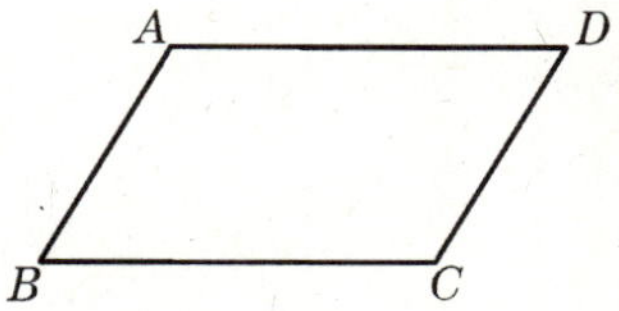

图 22－20

要证明一个四边形是平行四边形，现在只能依据平行四边形的定义，即要证明这个四边形的两组对边分别平行. 于是，考虑利用平行线的判定定理，这就需要添加辅助线.

基于以上思考，这个命题的证明如下：

如图 22－21，联结 AC.

在 $\triangle ABC$ 和 $\triangle CDA$ 中，

∵ $AB=CD$，$BC=DA$，$AC=CA$，

∴ $\triangle ABC\cong\triangle CDA$.

得 $\angle 1=\angle 2$，$\angle 3=\angle 4$.

∴ $AB\parallel CD$，$AD\parallel BC$.

∴ 四边形 $ABCD$ 是平行四边形（平行四边形的定义）.

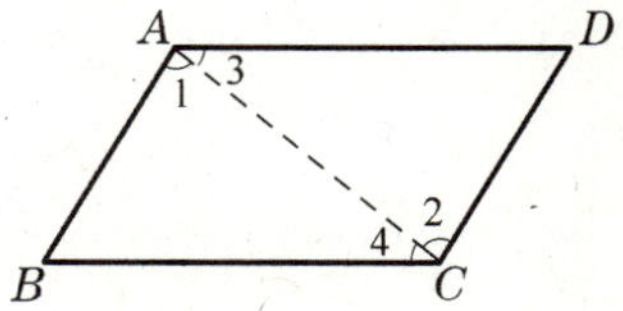

图 22－21

通过证明，可以确定平行四边形的性质1的逆命题是真命题，因此可用它来判定一个四边形是平行四边形.

平行四边形判定定理1　如果一个四边形的两组对边分别相等，那么这个四边形是平行四边形.

简述为：两组对边分别相等的四边形是平行四边形.

从边的方面来考虑平行四边形的判定方法，还可以提出下面的问题：

如果一个四边形的一组对边平行且相等，那么这个四边形是平行四边形吗？

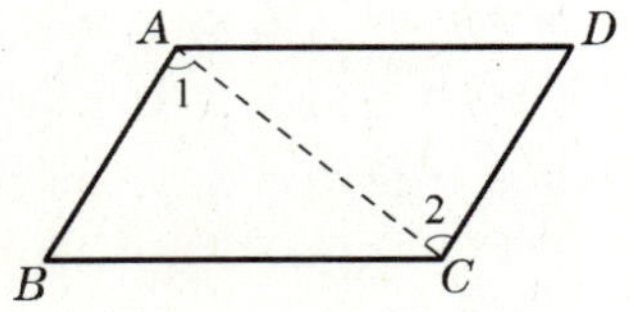

图 22－22

你能用平行四边形的定义证明吗？

我们猜想结论成立，并尝试进行证明.

已知：四边形 $ABCD$ 中，$AB /\!/ CD$，且 $AB=CD$.

求证：四边形 $ABCD$ 是平行四边形.

证明：如图 22－22，联结 AC.

在 $\triangle ABC$ 和 $\triangle CDA$ 中，

∵　$AB /\!/ CD$，

∴　$\angle 1=\angle 2$.

又∵　$AB=CD$，$AC=CA$，

∴　$\triangle ABC \cong \triangle CDA$.　得　$BC=AD$.

∴　四边形 $ABCD$ 是平行四边形（两组对边分别相等的四边形是平行四边形）.

由此，我们又得到了平行四边形的一个判定定理.

平行四边形判定定理2　如果一个四边形的一组对边平行且相等，那么这个四边形是平行四边形.

简述为：一组对边平行且相等的四边形是平行四边形.

例题5　已知：如图 22－23，▱$ABCD$ 中，点 E、F 分别在边 AB 和 CD 上，$AE=CF$.

求证：四边形 $DEBF$ 是平行四边形.

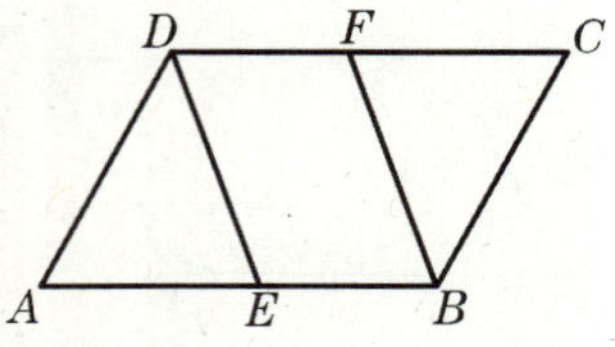

图 22－23

分析　根据已知条件，可知 $EB /\!/ DF$，且 $EB=DF$. 利用平行四边形判定定理2，可以推出结论.

证明　∵四边形 $ABCD$ 是平行四边形，

∴　$AB /\!/ CD$（平行四边形的定义）；

$AB=CD$（平行四边形的对边相等）.

又∵　点 E、F 分别在边 AB 和 CD 上，$AE=CF$，

∴ $DF \parallel BE$，$DF = BE$.

∴ 四边形 $DEBF$ 是平行四边形（一组对边平行且相等的四边形是平行四边形）.

议一议

现在我们判定一个四边形是平行四边形，可依据平行四边形的定义、判定定理 1 或判定定理 2. 例题 5 可利用平行四边形的定义或判定定理 1 来证明吗？试一试，再将几种证明方法进行比较.

练习 22.2(3)

1. 已知：如图，$\square ABCD$ 中，E、F 分别是边 AB 和 CD 的中点.
求证：$EF = BC$.

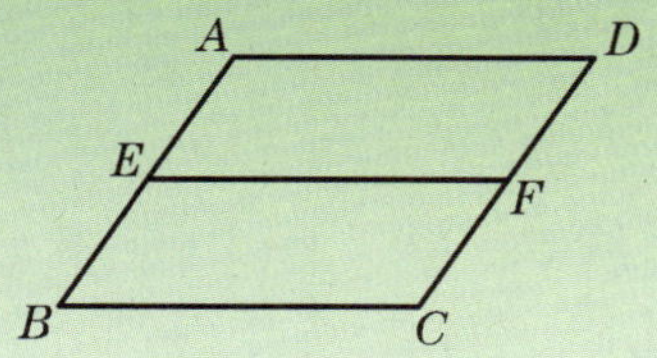

（第 1 题）

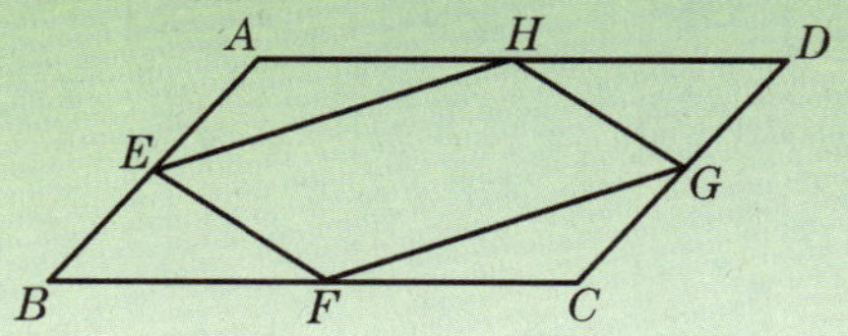

（第 2 题）

2. 已知：如图，$\square ABCD$ 中，E、F、G、H 分别是边 AB、BC、CD、DA 的中点.
求证：四边形 $EFGH$ 是平行四边形.

思考

"平行四边形的两条对角线互相平分"这一性质定理的逆命题是真命题吗？

平行四边形性质定理 3 的逆命题是"如果一个四边形的两条对角线互相平分，那么这个四边形是平行四边形".

已知：如图 22－24，四边形 $ABCD$ 的对角线 AC 和 BD 相交于点 O，$AO = OC$，$BO = OD$.

求证：四边形 $ABCD$ 是平行四边形.

证明：在 $\triangle AOB$ 和 $\triangle COD$ 中，

∵ $AO = CO$，$\angle AOB = \angle COD$，$BO = DO$，

∴ $\triangle AOB \cong \triangle COD$. 得 $AB = CD$.

同理可得 $BC = AD$.

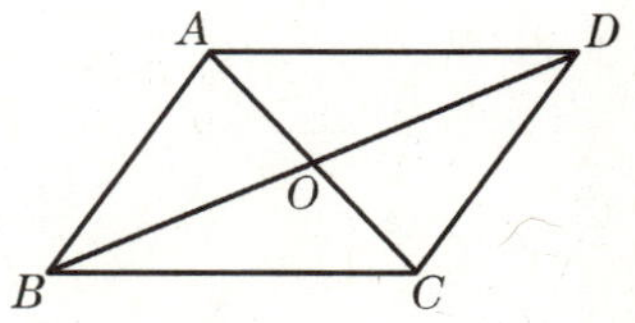

图 22－24

$\therefore$ 四边形 $ABCD$ 是平行四边形(两组对边分别相等的四边形是平行四边形).

由此可见,平行四边形性质定理 3 的逆命题是真命题,它也是平行四边形的判定定理.

平行四边形判定定理 3 如果一个四边形的两条对角线互相平分,那么这个四边形是平行四边形.

简述为:对角线互相平分的四边形是平行四边形.

想一想,平行四边形性质定理 2 的逆命题是什么?

再来证明"平行四边形对角相等"这一性质定理的逆命题也是真命题.

已知:如图 22－25,四边形 $ABCD$ 中,$\angle A=\angle C$,$\angle B=\angle D$.

求证:四边形 $ABCD$ 是平行四边形.

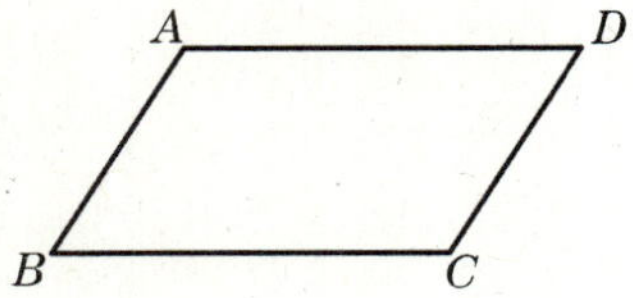

图 22－25

证明:在四边形 $ABCD$ 中,

$\angle A+\angle B+\angle C+\angle D=360^\circ$(多边形的内角和公式).

又$\because$ $\angle A=\angle C$,$\angle B=\angle D$,

$\therefore$ $\angle A+\angle B=\angle C+\angle D=180^\circ$,

$\angle A+\angle D=\angle B+\angle C=180^\circ$.

得 $AD /\!/ BC$,$AB /\!/ CD$.

$\therefore$ 四边形 $ABCD$ 是平行四边形(平行四边形的定义).

于是得到:

平行四边形判定定理 4 如果一个四边形的两组对角分别相等,那么这个四边形是平行四边形.

简述为:两组对角分别相等的四边形是平行四边形.

例题6 已知:如图 22－26,$\square ABCD$ 中,E、F 是对角线 AC 上的两点,且 $AE=CF$.

求证:四边形 $BFDE$ 是平行四边形.

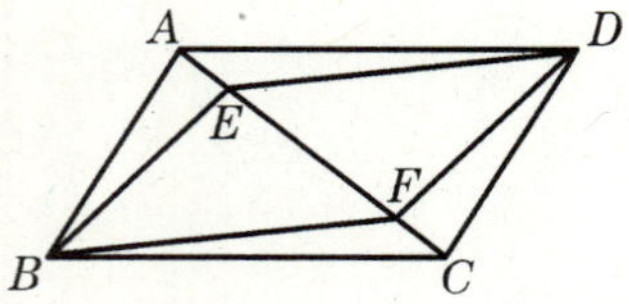

图 22－26

分析 观察图形,根据已知条件,可推出 $\triangle AED\cong\triangle CFB$,$\triangle AEB\cong\triangle CFD$.

于是,可以得到利用平行四边形的定义、判定定理 1、判定定理 2 或判定定理 4 来证明结论所需要的条件. 因此,有多种证明方法可以选用.

注意 E、F 是对角线 AC 上的两点，从判定定理 3 所需的条件考虑，想到联结 BD. 设 BD 与 AC 相交于点 O，则只需证明 $OE=OF$，从而可推出结论.

证明　如图 22－27，联结 BD，设 BD 与 AC 相交于点 O.

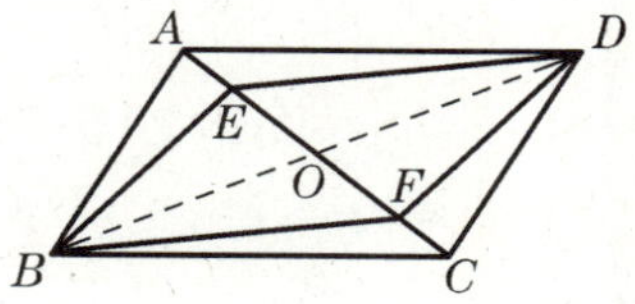

图 22－27

∵　四边形 $ABCD$ 是平行四边形，

∴　$OB=OD$，$OA=OC$（平行四边形的对角线互相平分）.

∵　$AE=CF$，

∴　$OE=OA-AE=OC-CF=OF$.

∴　四边形 $BFDE$ 是平行四边形（对角线互相平分的四边形是平行四边形）.

例题7　已知：如图 22－28，四边形 $ABCD$ 是平行四边形，AE、CF 分别是$\angle BAD$、$\angle BCD$ 的平分线，分别交边 BC 和 AD 于点 E、F.

求证：四边形 $AECF$ 是平行四边形.

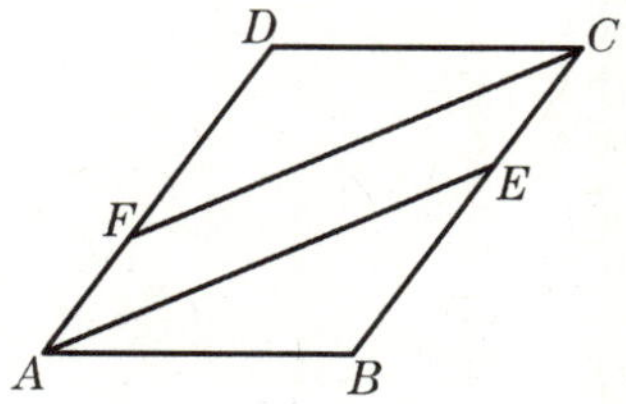

图 22－28

分析　由已知条件，可得 $AD/\!/BC$，又可知$\angle EAD$ 和$\angle BCF$ 相等. 注意到$\angle BCF=\angle EAD=\angle AEB$，可推出 $AE/\!/FC$. 依据平行四边形的定义，可证明结论.

证明　∵　四边形 $ABCD$ 是平行四边形，

∴　$AD/\!/BC$（平行四边形的对边平行）；

$\angle BAD=\angle BCD$（平行四边形的对角相等）.

∵　AE 和 CF 分别是$\angle BAD$ 和$\angle BCD$ 的平分线，

∴　$\angle EAD=\frac{1}{2}\angle BAD$，$\angle BCF=\frac{1}{2}\angle BCD$.

得　$\angle EAD=\angle BCF$.

又由 $AD/\!/BC$，得　$\angle EAD=\angle AEB$，

∴　$\angle AEB=\angle BCF$.

∴　$AE/\!/FC$.

又∵　$AF/\!/EC$，

∴　四边形 $AECF$ 是平行四边形（平行四边形的定义）.

想一想

在例题 7 中，还可考虑依据平行四边形的判定定理来判断结论吗？试一试，再比较各种证明方法的特点.

练习 22.2(4)

1. 用两个全等的三角形(每个三角形的三边互不相等),按照不同的方法可以拼成一些不同的四边形.

   这些四边形都是平行四边形吗? 为什么?

2. 如图,BD 是 $\triangle ABC$ 的中线.按以下要求画图:

   ① 延长 BD 至点 E,使 $DE=BD$;

   ② 联结 AE、CE.

   四边形 $ABCE$ 是平行四边形吗? 为什么?

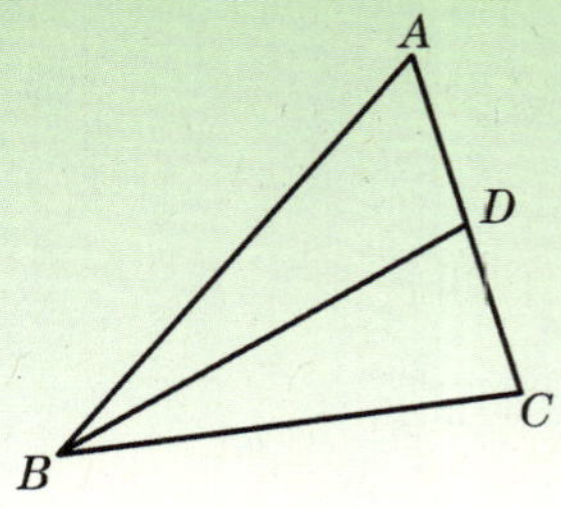

(第 2 题)

3. 已知:四边形 $ABCD$ 中,$\angle A$ 和 $\angle B$ 互补,$\angle A=\angle C$.

   求证:四边形 $ABCD$ 是平行四边形.

22.3 特殊的平行四边形

1. 矩形和菱形

特殊的平行四边形是从平行四边形的边或角所具有的特征来定义的.

类比在三角形中对等腰三角形、直角三角形的研究.

有一个内角是直角的平行四边形叫做矩形(rectangle).

有一组邻边相等的平行四边形叫做菱形(rhombus).

矩形、菱形与平行四边形的关系如图 22—29 所示.

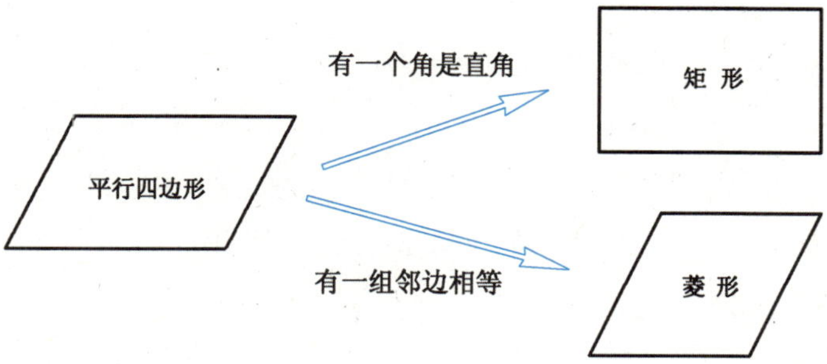

图 22—29

因为矩形和菱形是特殊的平行四边形,所以它们具有平行四边形的所有性质.另外,它们还有一些特殊的性质,我们仍然从它们的边、角和对角线来进行研究.

1. 研究矩形、菱形的内角.

(1) 由矩形的定义,可知它有一个内角是直角.如图 22—30,矩形 $ABCD$ 中,$\angle A$ 是直角.

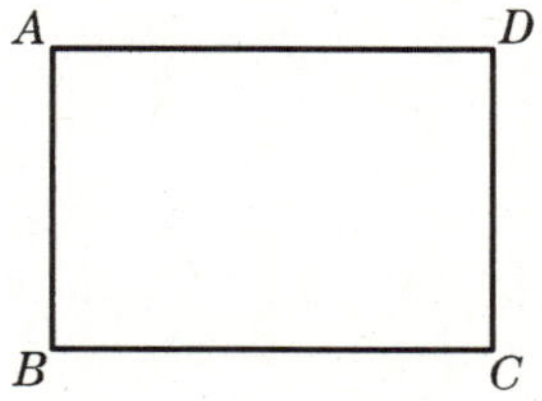

图 22—30

因为矩形 $ABCD$ 是平行四边形,所以

$\angle A=\angle C=90^\circ$,$\angle B=\angle D$;$\angle A+\angle B+\angle C+\angle D=360^\circ$.

可知　$\angle A=\angle B=\angle C=\angle D=90^\circ$.

(2) 由菱形的定义可知,它的内角没有特殊的性质.

通过以上研究,得到矩形的一个特殊性质:

矩形的性质定理 1　矩形的四个角都是直角.

2. 研究矩形、菱形的边.

(1) 由矩形的定义,可知它的边没有特殊的性质.

(2) 由菱形的定义,可知它有一组邻边相等.如图 22—31,菱形 $ABCD$ 中,$AD=CD$.

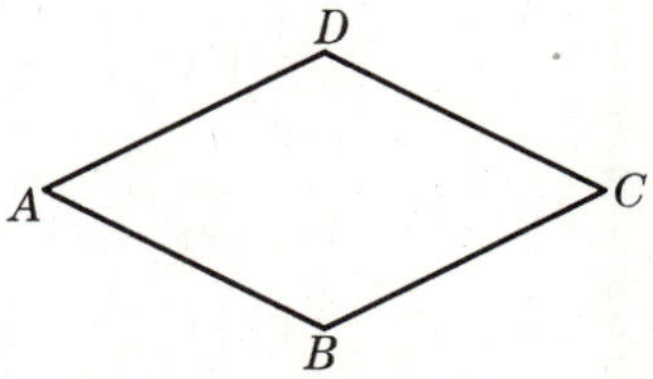

图 22—31

因为菱形 $ABCD$ 是平行四边形,所以

$$AB=CD,\ BC=AD.$$

可知　$AB=BC=AD=CD$.

通过以上研究,得到菱形的一个特殊性质:

菱形性质定理 1　菱形的四条边都相等.

3. 研究矩形、菱形的对角线.

(1) 分析图 22－32 中矩形 $ABCD$ 的对角线：

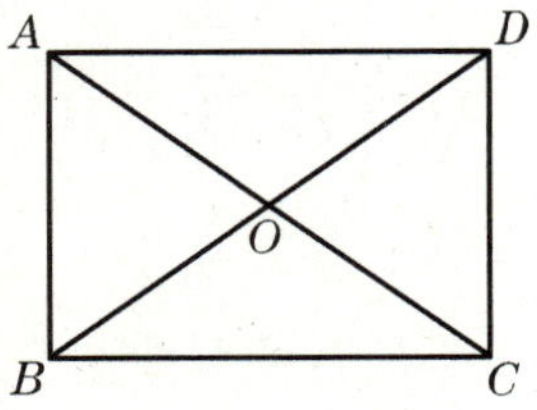

图 22－32

由 $AB=DC, BC=CB$，得 $\mathrm{Rt}\triangle ABC \cong \mathrm{Rt}\triangle DCB$.

可知　$AC=BD$.

(2) 分析图 22－33 中菱形 $ABCD$ 的对角线：

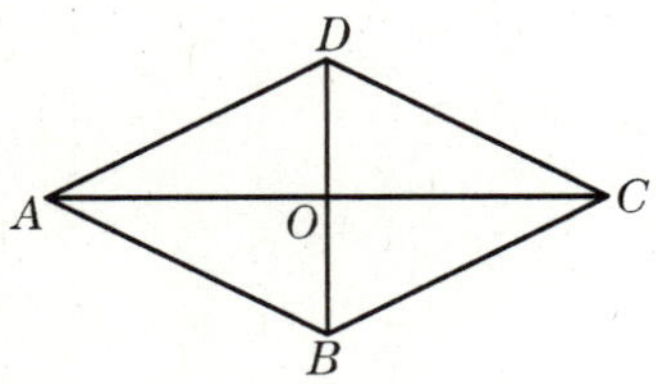

图 22－33

设 AC 与 BD 相交于点 O，可知

$$OA=OC,\ OB=OD（为什么?）.$$

在 $\triangle ACD$ 中，$AD=CD$，得

$$DO\perp AC, \angle ADO=\angle CDO（为什么?）.$$

同理，可得 $\angle ABO=\angle CBO$，$\angle DAO=\angle BAO$，$\angle BCO=\angle DCO$.

于是，我们得到矩形、菱形还有如下特殊性质：

矩形性质定理 2　矩形的两条对角线相等.

菱形性质定理 2　菱形的对角线互相垂直，并且每一条对角线平分一组对角.

也可以通过证明 $\triangle ABO \cong \triangle CBO \cong \triangle CDO \cong \triangle ADO$ 来证明菱形性质定理 2.

想一想

平行四边形是中心对称图形，矩形和菱形当然都是中心对称图形. 进一步分析矩形和菱形，它们是轴对称图形吗？

矩形和菱形都是轴对称图形，它们分别有两条对称轴. 试画出它们的对称轴，再用语言叙述.

练习 22.3(1)

1. 根据图形求出相应的 x、y 的值（第 1、3 个图是矩形，第 2 个图是菱形；第 3 个图中的 $2x$、$2y+4$、$x+3y$ 分别表示矩形对角线一半的长）：

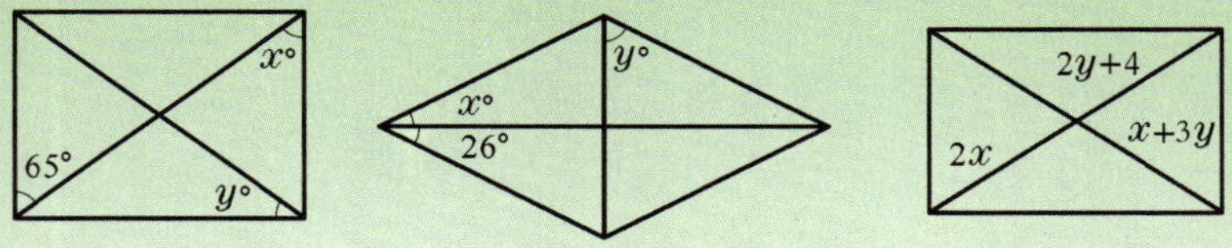

（第 1 题）

2. 下列命题中，假命题是　　　　（　　）

(A) 矩形的对角线互相平分且相等；

(B) 菱形的对角线互相平分且垂直；

(C) 矩形的两条对角线把矩形分成四个直角三角形；

(D) 菱形的两条对角线把菱形分成四个直角三角形.

3. 利用矩形的性质，证明：直角三角形斜边上的中线等于斜边的一半.

我们利用矩形和菱形的性质，来解决一些简单的问题.

例题1 如图 22－34，矩形 $ABCD$ 的对角线 AC 与 BD 相交于点 O. 已知 $\angle AOD=120°$，$AB=4$ cm，求 AC、BD 的长.

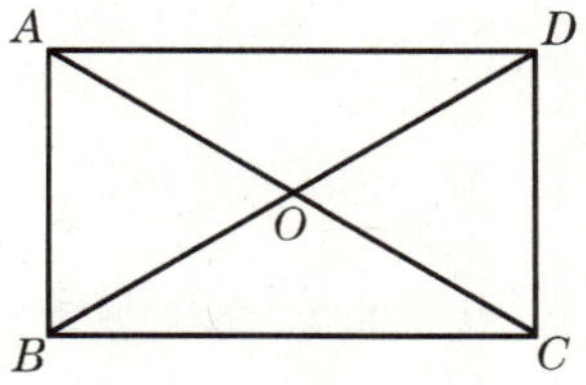

图 22－34

解 ∵ 四边形 $ABCD$ 是矩形，

∴ $AC=BD$（矩形的对角线相等）.

又∵ $OA=OC=\frac{1}{2}AC$，$OB=OD=\frac{1}{2}BD$（平行四边形的对角线互相平分），

∴ $OA=OB$.

∵ $\angle AOD=120°$，

∴ $\angle AOB=60°$，得 $\triangle AOB$ 是等边三角形.

∴ $OA=OB=AB=4$ cm.

∴ $AC=2OA=8$ cm.

因此，$BD=AC=8$ cm.

例题2 如图 22－35，菱形 $ABCD$ 的对角线 AC 与 BD 相交于点 O. 已知 $AB=13$ cm，$AC=24$ cm，求这个菱形的面积.

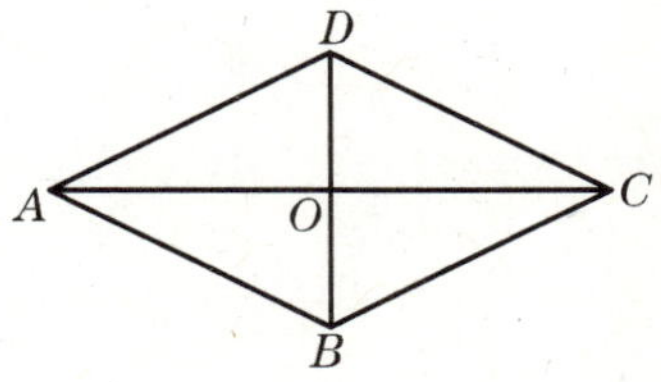

图 22－35

分析 由菱形的对角线互相垂直平分，可知 $AC\perp BD$，点 O 是 AC 与 BD 的中点. 由 $\triangle AOB$ 是直角三角形，求出 BO 的长，就可求得菱形 $ABCD$ 的面积.

解 ∵ 四边形 $ABCD$ 是菱形，

∴ $AO=OC$，$BO=OD$（菱形的对角线互相平分）；

$AC\perp BD$（菱形的对角线互相垂直）.

∵ $AC=24$，

∴ $AO=\frac{1}{2}AC=\frac{1}{2}\times 24=12$.

在 $\mathrm{Rt}\triangle AOB$ 中，$AO^2+BO^2=AB^2$（勾股定理）.

又 $AB=13$， 得 $BO=\sqrt{AB^2-AO^2}=\sqrt{13^2-12^2}=5$.

因为菱形 $ABCD$ 的面积等于 $\triangle ABC$ 与 $\triangle ADC$ 的面积和，所以

$$\begin{aligned}S_{\text{菱形}ABCD} &= S_{\triangle ABC}+S_{\triangle ADC}=\frac{1}{2}AC\cdot BO+\frac{1}{2}AC\cdot DO\\&=\frac{1}{2}AC\cdot(BO+DO)\\&=AC\cdot BO=24\times 5=120\ (\text{cm}^2).\end{aligned}$$

$\frac{1}{2}AC(BO+DO)=\frac{1}{2}AC\cdot BD$. 所以，菱形的面积等于两条对角线长的乘积的一半.

想一想

如果已知菱形的两条对角线的长，那么可以直接求出这个菱形的面积吗？

例题3 已知：如图 22－36，菱形 $ABCD$ 中，$\angle B=60^\circ$，点 E、F 分别在边 BC、CD 上，且$\angle EAF=60^\circ$.

求证：$AE=AF$.

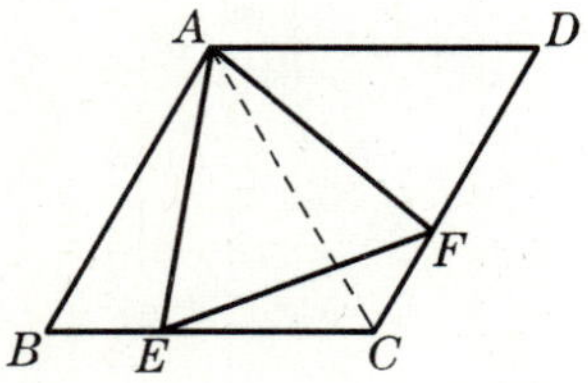

图 22－36

分析 已知四边形 $ABCD$ 是菱形，且$\angle B=60^\circ$，由此联想到等边三角形. 联结对角线 AC，要证明 $AE=AF$，只要证明它们分别所在的两个三角形全等.

证明 如图 22－36，联结对角线 AC.

在菱形 $ABCD$ 中，

$AB=BC=CD=DA$（菱形的四条边都相等），

$\angle B=\angle D=60^\circ$（平行四边形的对角相等），

$\therefore$ $\triangle ABC$、$\triangle ADC$ 是等边三角形.

得 $AB=AC$，$\angle BAC=60^\circ$.

$\because$ $\angle EAF=60^\circ$，

$\therefore$ $\angle FAC=\angle EAF-\angle EAC=60^\circ-\angle EAC$.

又$\angle BAE=\angle BAC-\angle EAC=60^\circ-\angle EAC$，

$\therefore$ $\angle BAE=\angle FAC$.

而$\angle B=\angle BAC=\angle ACF$，

于是，得$\triangle ABE\cong\triangle ACF$.

$\therefore$ $AE=AF$.

练习 22.3(2)

1. 已知矩形的对角线相交所成的锐角是 60°，较短的边长为 12 cm，求它的对角线的长.
2. 一个菱形的两条对角线的长分别是 12 和 $6\sqrt{5}$，求它的面积.
3. 已知菱形的边长为 6 cm，一个角为 60°，求菱形的两条对角线的长.

思考

矩形和菱形具有一些特殊的性质，是否能从它们的性质定理所揭示的图形特征中，找到判定矩形和菱形的简捷、有效的方法？

1. 对于四边形 $ABCD$，从它的角或边进行考察.

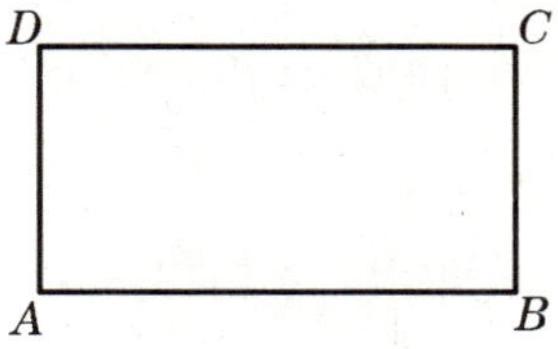

(1)

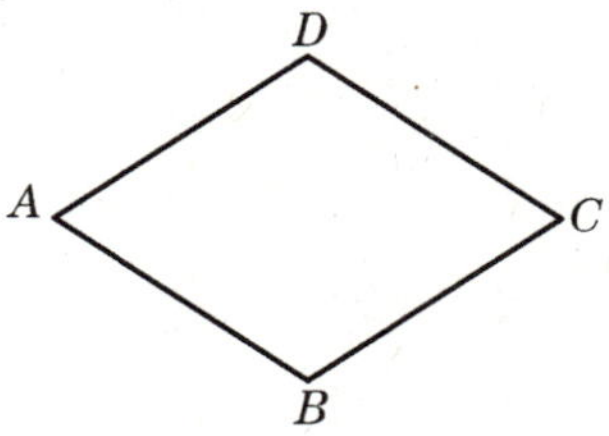

(2)

图 22－37

> 对矩形和菱形的有关性质定理的逆命题进行分析和探究.

(1) 如图 22－37(1)，如果四边形 $ABCD$ 有三个角是直角，那么它的第四个角一定也是直角(为什么?). 由此可得这个四边形的两组对角相等，可知它是平行四边形，而且是矩形.

(2) 如图 22－37(2)，如果四边形 $ABCD$ 的四条边相等，那么它的两组对边当然是相等的. 由此可知这个四边形是平行四边形，而且是菱形.

这样，我们得到以下判定定理：

矩形判定定理 1　有三个内角是直角的四边形是矩形.

菱形判定定理 1　四条边都相等的四边形是菱形.

2. 在四边形 $ABCD$ 是平行四边形的基础上，从它的对角线进行考察.

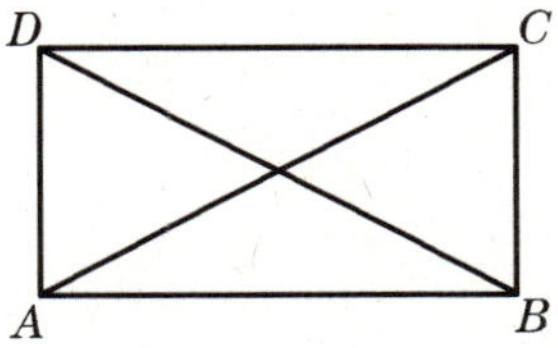

(1)

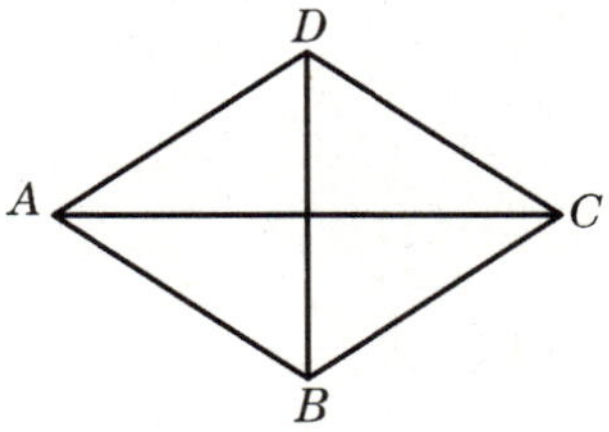

(2)

图 22－38

(1) 如图 22－38(1)，如果▱$ABCD$ 的两条对角线相等，即 $AC=BD$，那么可以推出 $\triangle DAB \cong \triangle CBA$，得 $\angle DAB=\angle CBA$. 又由 $AD /\!/ BC$，可知 $\angle DAB+\angle CBA=180°$，得 $\angle DAB=90°$. 所以，▱$ABCD$ 是矩形.

(2) 如图 22－38(2)，如果▱$ABCD$ 的两条对角线互相垂直，即 $AC \perp BD$，那么可以推出 BD 是 AC 的垂直平分线(为什么?)，得 $DA=DC$. 所以，▱$ABCD$ 是菱形.

这样，我们又得到以下判定定理：

矩形判定定理 2　对角线相等的平行四边形是矩形.

菱形判定定理 2　对角线互相垂直的平行四边形是菱形.

想一想

制作门窗或矩形零件时，在得到其两组对边分别相等后，可通过测量两条对角线长度来检验四个角是否符合要求，其依据是什么？

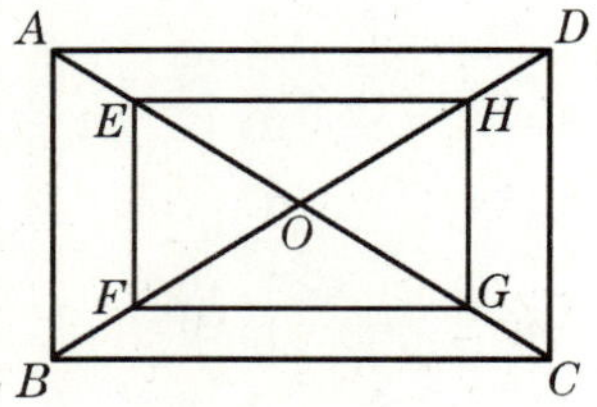

图 22－39

例题4　已知：如图 22－39，矩形 $ABCD$ 的对角线 AC 与 BD 相交于点 O，点 E、F、G、H 分别在 AO、BO、CO、DO 上，且 $AE=BF=CG=DH$.

求证：四边形 $EFGH$ 是矩形.

证明　∵　四边形 $ABCD$ 是矩形，

∴　$AC=BD$（矩形的对角线相等）；

$AO=CO=\frac{1}{2}AC$，$BO=DO=\frac{1}{2}BD$（矩形的对角线互相平分）.

得 $AO=BO=CO=DO$.

由　$AE=BF=CG=DH$，得　$OE=OF=OG=OH$，

∴　四边形 $EFGH$ 是平行四边形（对角线互相平分的四边形是平行四边形）.

∵　$EO+OG=FO+OH$，即 $EG=FH$，

∴　四边形 $EFGH$ 是矩形（对角线相等的平行四边形是矩形）.

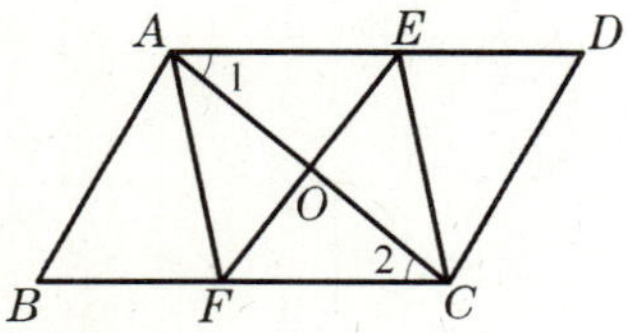

图 22－40

例题5　已知：如图 22－40，EF 是▱$ABCD$ 的对角线 AC 的垂直平分线，EF 与边 AD、BC 分别交于点 E、F.

求证：四边形 $AFCE$ 是菱形.

分析　已知 $EF\perp AC$，所以要证明四边形 $AFCE$ 是菱形，只要证明四边形 $AFCE$ 是平行四边形.

证明　∵　四边形 $ABCD$ 是平行四边形，

∴　$AE/\!/FC$（平行四边形的对边平行），得 $\angle 1=\angle 2$.

∵　EF 垂直平分 AC，

∴　$AO=OC$，$\angle AOE=\angle COF=90°$.

∴　$\triangle AOE\cong\triangle COF$，　得　$EO=FO$.

∴　四边形 $AFCE$ 是平行四边形（对角线互相平分的四边形是平行四边形）.

又∵　$EF\perp AC$，

∴　四边形 $AFCE$ 是菱形（对角线互相垂直的平行四边形是菱形）.

本例也可以利用菱形判定定理 1 来证明，试一试.

练习 22.3(3)

1. 如图，将一张矩形的纸片对折两次，沿虚线剪下，再打开，我们得到的是菱形吗？为什么？

2. 证明：对角线相等且互相平分的四边形是矩形.
3. 如图，已知 BF、BE 分别是 $\angle ABC$ 与它的邻补角的平分线，$AE \perp BE$ 于点 E，$AF \perp BF$ 于点 F，那么四边形 $AEBF$ 是矩形吗？为什么？

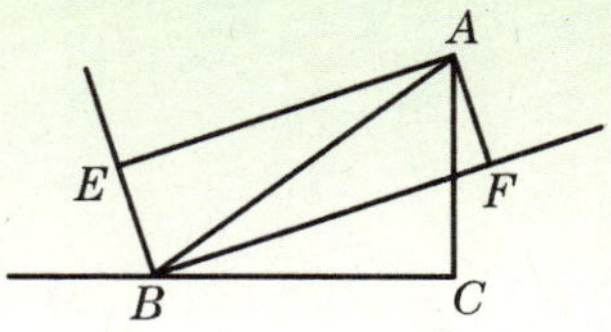

（第 3 题）

2. 正方形

我们分别依据平行四边形的边、角所具有的特征，定义了矩形和菱形；有的平行四边形同时具有两者的特征.

有一组邻边相等并且有一个内角是直角的平行四边形叫做**正方形**(square).

如图 22—41 所示，结合矩形或菱形的定义，直接可得：

正方形判定定理 1　有一组邻边相等的矩形是正方形.

正方形判定定理 2　有一个内角是直角的菱形是正方形.

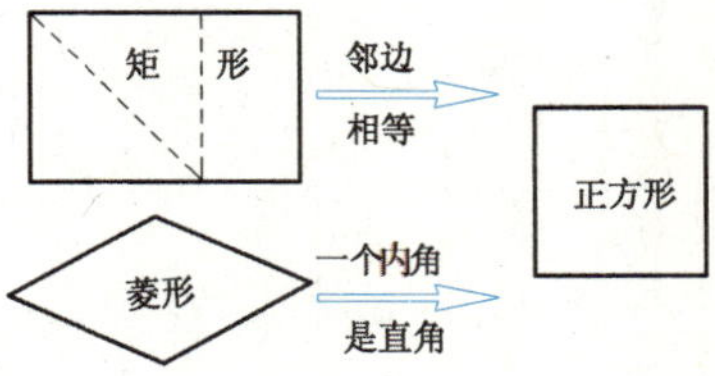

图 22—41

由正方形的定义可知，它既是有一组邻边相等的矩形，又是有一个内角是直角的菱形. 所以，正方形既具有矩形的性质，又具有菱形所有的性质.

议一议

如图 22—42，已知正方形 $ABCD$，对角线 AC 与 BD 相交于点 O. 说出图中具有相等关系的线段和角，并指出哪些角是直角.

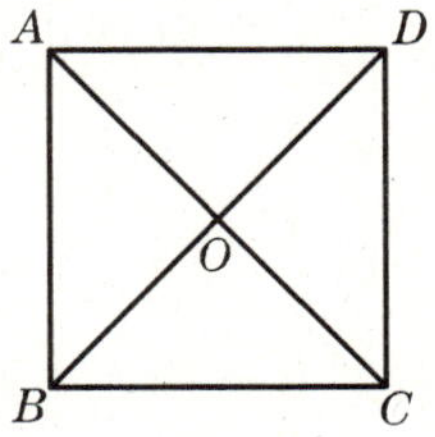

图 22—42

由矩形和菱形的性质，可知正方形具有以下性质：

正方形性质定理 1　正方形的四个角都是直角，四条边都相等.

正方形性质定理 2　正方形的两条对角线相等，并且互相垂直，每条对角线平分一组对角.

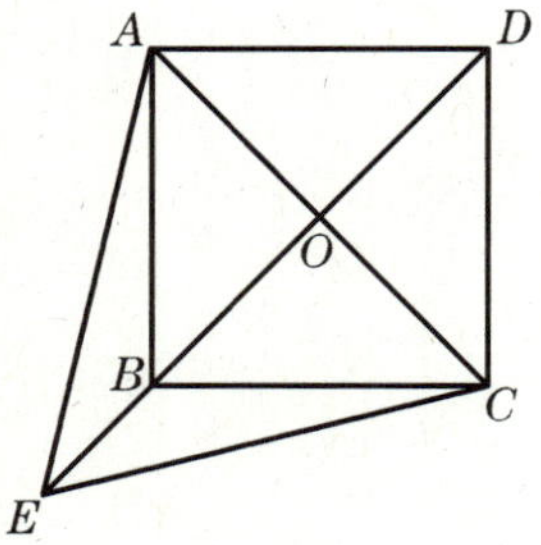

图 22－43

例题6 已知：如图 22－43，正方形 $ABCD$ 的对角线 AC、BD 相交于点 O，点 E 在 OB 的延长线上，且 $\angle ECB=15°$.

求证：$\triangle AEC$ 是等边三角形.

证明 ∵ 四边形 $ABCD$ 是正方形，

∴ $AC\perp BD$（正方形的对角线互相垂直）；

$OA=OC$（正方形的对角线互相平分）.

∵ DE 是 AC 的垂直平分线，

∴ $EA=EC$.

∵ $\angle BCD=90°$（正方形的四个内角都是直角），

∴ $\angle ACB=\angle ACD=45°$（正方形的每一条对角线平分一组对角）.

又∵ $\angle ACE=\angle ACB+\angle BCE$，$\angle BCE=15°$，

∴ $\angle ACE=60°$.

∴ $\triangle AEC$ 是等边三角形.

练习 22.3(4)

1. 根据图形求出相应的 x、y、z 的值（两个图都是正方形，第 2 个图中的 x 表示正方形对角线一半的长）：

（第 1 题）

2. 把一张长方形纸片如图那样折一下，就可以裁出正方形纸片，为什么？

3. 下列四边形是不是正方形？

（1） 对角线互相垂直且相等的平行四边形；

（2） 对角线互相垂直的矩形；

（3） 对角线相等的菱形；

（4） 对角线互相垂直平分且相等的四边形.

4. 如图，已知正方形 $ABCD$ 的边长为 a，AE 平分 $\angle DAC$，$EF\perp AC$，点 F 为垂足. 求 FC 的长.

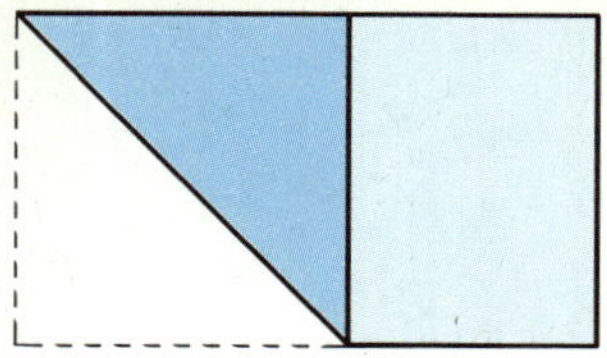

（第 2 题）

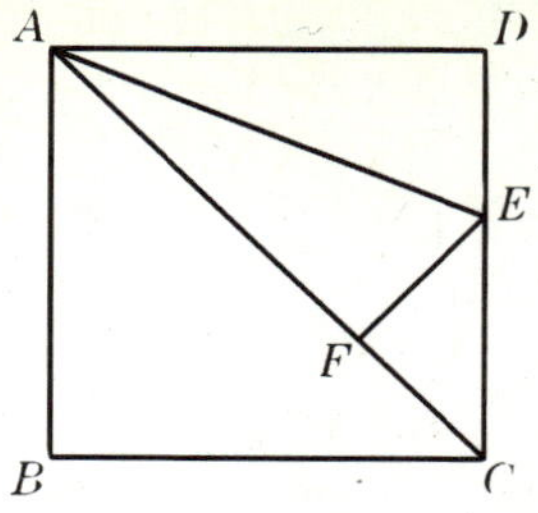

（第 4 题）

例题7 已知：如图 22－44，$\triangle ABC$ 中，$\angle ACB=90^{\circ}$，CD 平分$\angle ACB$，$DE\perp AC$，$DF\perp BC$，垂足分别为 E、F.

求证：四边形 $CEDF$ 是正方形.

分析 要证明四边形 $CEDF$ 是正方形，可以先证四边形 $CEDF$ 是矩形，再证它有一组邻边相等.

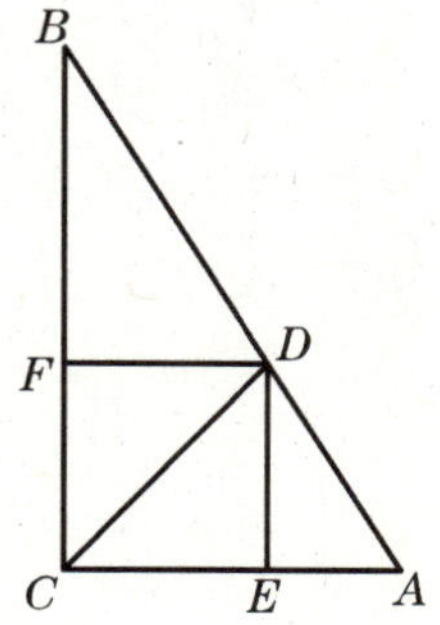

图 22－44

证明 ∵ $DE\perp AC$，$DF\perp BC$，

∴ $\angle DEC=\angle CFD=\angle ECF=90^{\circ}$.

可知四边形 $CEDF$ 是矩形（有三个内角是直角的四边形是矩形）.

∵ CD 平分$\angle ACB$，

∴ $DE=DF$（角平分线上的点到角的两边距离相等）.

∴ 矩形 $CEDF$ 是正方形（有一组邻边相等的矩形是正方形）.

本题也可按照另一思路证明如下：

∵ $DE\perp AC$，$BC\perp AC$， ∴ $DE\parallel FC$.

同理，可得 $CE\parallel FD$，

∴ 四边形 $CEDF$ 是平行四边形（平行四边形的定义）.

∵ CD 平分$\angle ACB$，$DE\perp AC$，$DF\perp BC$，

∴ $DE=DF$（角平分线上的点到角的两边距离相等）.

∴ 四边形 $CEDF$ 是菱形（有一组邻边相等的平行四边形是菱形）.

∵ $\angle ACB=90^{\circ}$，

∴ 菱形 $CEDF$ 是正方形（有一个内角是直角的菱形是正方形）.

> 也可以先证四边形 $CEDF$ 是菱形，再证它有一个角是直角.

例题8 已知：如图 22－45，矩形 $ABCD$ 的四个内角的平分线组成四边形 $EFGH$.

求证：四边形 $EFGH$ 是正方形.

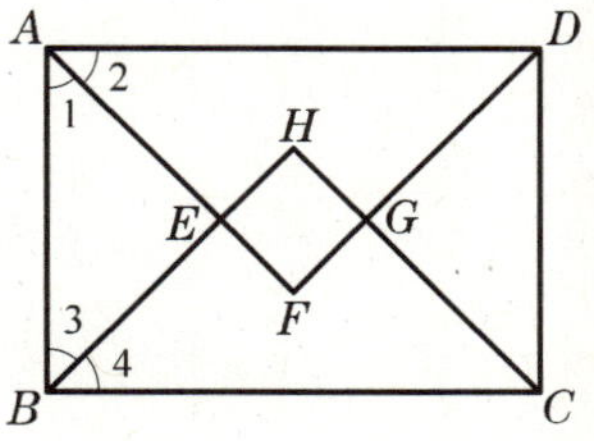

图 22－45

证明 ∵ 四边形 $ABCD$ 是矩形，

∴ $\angle DAB=\angle ABC=90^{\circ}$（矩形的四个角都是直角）.

又∵ AF、BH、CH、DF 是四个内角的平分线，

∴ $\angle 1=\angle 2=\frac{1}{2}\angle DAB=45^{\circ}$，$\angle 3=\angle 4=\frac{1}{2}\angle ABC=45^{\circ}$，

得 $\angle AEB=\angle HEF=90^{\circ}$.

同理，可得 $\angle H=\angle F=90^{\circ}$.

∴ 四边形 $EFGH$ 是矩形（有三个内角是直角的四边形是矩形）.

∵ $\angle 2=\angle 4$，$AD=BC$，

∴ $Rt\triangle ADF\cong Rt\triangle BCH$， 得 $AF=BH$.

又由$\angle 1=\angle 3$，得 $AE=BE$.

∴ $AF-AE=BH-BE$，即 $EH=EF$.

∴ 矩形 $EFGH$ 是正方形（有一组邻边相等的矩形是正方形）.

练习 22.3(5)

1. 如图，P 是正方形 $ABCD$ 内一点，将△ABP 绕点 B 顺时针方向旋转后与△CBP'重合，若 $PB=3$，则 $PP'=$________.

2. 有下列图形：
①平行四边形(非矩形、菱形)，②矩形(邻边不等)，③菱形(内角不等于直角)，④正方形. 其中，中心对称图形有________(填写图形前的序号，下同)；轴对称图形有________；对角线互相垂直平分的有________；对角线互相平分且相等的有________；对角线互相垂直平分且相等的有________.

3. 已知：如图，在正方形 $ABCD$ 中，E 为 BC 延长线上的一点，F 是 CD 上的一点，且 $CF=CE$，BF 的延长线交 DE 于点 G. 求证：$BF\perp DE$.

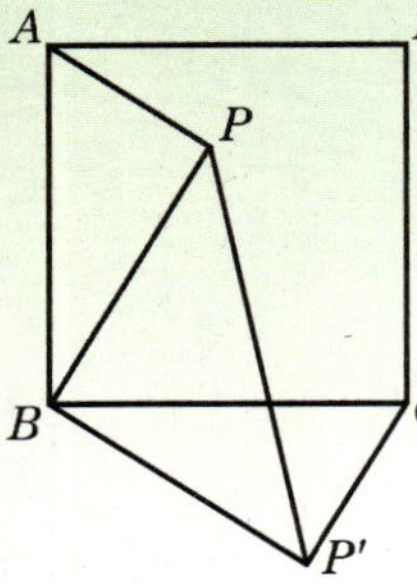

(第 1 题)

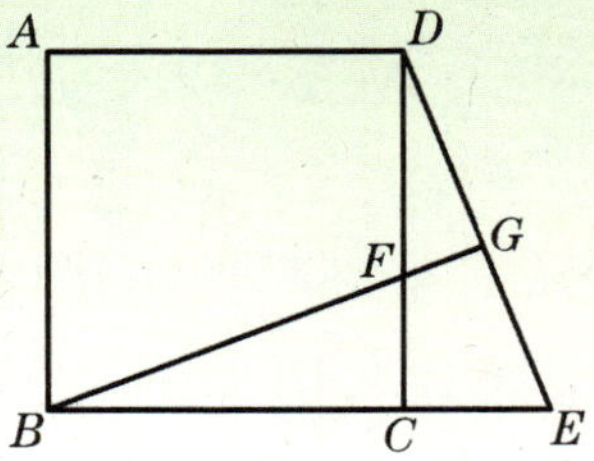

(第 3 题)

第三节　梯形

22.4　梯形

四边形的两组对边的位置关系有三种：一是两组对边分别平行；二是有一组对边平行，另一组对边不平行；三是两组对边都不平行. 第一种情况下的四边形是平行四边形，现在来研究第二种情况下的四边形.

一组对边平行而另一组对边不平行的四边形叫做**梯形**(trapezium). 在梯形中，平行的两边叫做**梯形的底**(通常把较短的底叫做上底，较长的底叫做下底)；不平行的两边叫做**梯形的腰**；两底之间的距离叫做梯形的高(如图 22－46(1)).

如图 22－46(2)、(3)，有一个角是直角的梯形叫做**直角梯形**(right-angled trapezium)；两腰相等的梯形叫做**等腰梯形**(isosceles trapezium)，它们都是特殊的梯形.

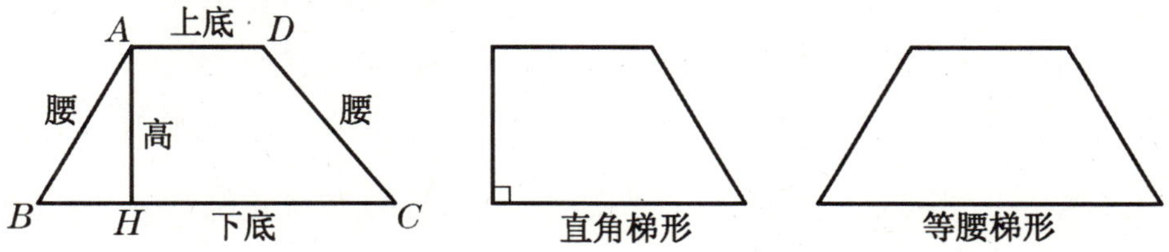

(1)　(2)　(3)

图 22－46

思考

如图 22－47，任意画一个三角形 EBC；再画一条直线，使它与边 BC 平行，且与边 BE、CE 分别相交于点 A 和 D(与点 E 不重合)，得$\triangle EAD$ 和四边形 $ABCD$. 四边形 $ABCD$ 是梯形吗？

$\triangle EBC$ 中，如果$\angle BCE=90°$，那么如上截得的梯形 $ABCD$ 一定是直角梯形吗？如果$\triangle BCE$ 中 $EB=EC$，那么截得的梯形 $ABCD$ 一定是等腰梯形吗？为什么？

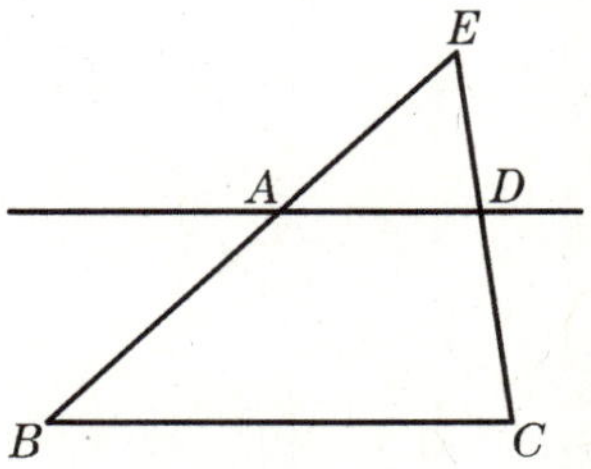

图 22－47

通过画图可见，梯形与三角形之间有什么联系？

例题1　如图 22－48，已知梯形 $ABCD$ 中，$AB/\!/CD$，$DE/\!/CB$，点 E 在边 AB 上，且 $EB=4$，$\triangle AED$ 的周长是 18，求梯形 $ABCD$ 的周长.

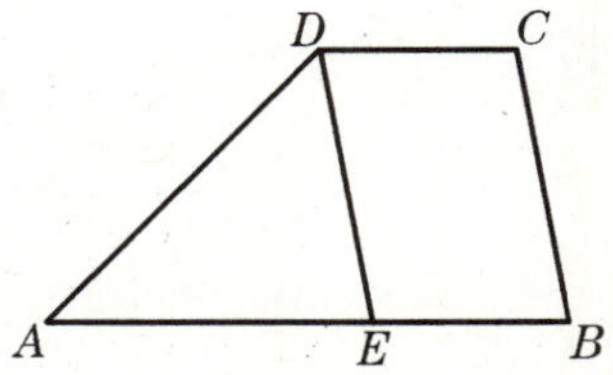

图 22－48

解　$\because AB/\!/CD$，$DE/\!/BC$，

$\therefore$　四边形 $EBCD$ 是平行四边形(平行四边形的定义)，

有些梯形问题常利用一个三角形和一个平行四边形的组合来解决.

得 $DC=EB$，$BC=ED$（平行四边形的对边相等）.

$\because$ $\triangle AED$ 的周长是 18，$EB=4$，

$\therefore$ $AB+BC+CD+DA=AE+DE+AD+2EB$

$=18+8=26$.

即梯形 $ABCD$ 的周长为 26.

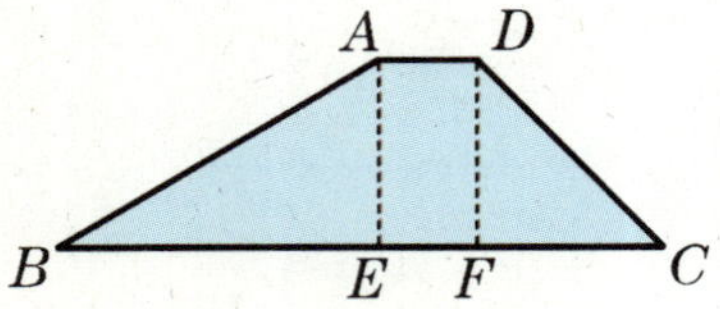

图 22－49

例题2 如图 22－49，梯形 $ABCD$ 是一座水库大坝的横截面，其中 $AD/\!/BC$，$\angle B=30°$，$\angle C=45°$；AD（坝顶）＝6 米，$CD=20$ 米，求 BC（坝底）的长及梯形 $ABCD$（横截面）的面积.

分析 求梯形的面积，需求梯形的高. 为此，可取适当的位置作高，通过构造特殊的直角三角形求出高.

解 作 $AE\perp BC$，$DF\perp BC$，垂足分别为 E、F，得 $\angle AEF=\angle DFE=90°$，$AE/\!/DF$.

$\because$ $AD/\!/BC$，

$\therefore$ 四边形 $AEFD$ 是平行四边形（平行四边形的定义）.

$\therefore$ $AE=DF$，$AD=EF$（平行四边形的两组对边相等）.

在 Rt$\triangle DFC$ 中，由 $\angle C=45°$，得 $DF=FC$.

$\therefore$ $CD=\sqrt{DF^2+FC^2}=\sqrt{2}DF=20$（米）. 得 $DF=10\sqrt{2}$（米）.

在 Rt$\triangle ABE$ 中，由 $\angle B=30°$，得 $AB=2AE$.

$BE=\sqrt{AB^2-AE^2}=\sqrt{3}AE=\sqrt{3}DF=10\sqrt{6}$（米）.

$\therefore$ $BC=BE+EF+FC=(6+10\sqrt{2}+10\sqrt{6})$（米）.

$\therefore$ $S_{梯形ABCD}=\frac{1}{2}(AD+BC)\cdot AE$

$=\frac{1}{2}\times(12+10\sqrt{2}+10\sqrt{6})\times10\sqrt{2}$

$=(100+60\sqrt{2}+100\sqrt{3})$（平方米）.

练习 22.4

1. 在直角梯形 $ABCD$ 中，$AD/\!/BC$，$\angle A=90°$，$AD=10$ cm，$DC=13$ cm，$BC=15$ cm，求 AB 的长.
2. 如图，在梯形 $ABCD$ 中，对角线 AC 和 BD 相交于点 O，那么$\triangle AOB$ 和$\triangle COD$ 的面积相等吗？为什么？
3. 如图，在梯形 $ABCD$ 中. $AB/\!/CD$，$\angle D=2\angle B$，$AD=10$，$AB=15$，求 CD 的长.

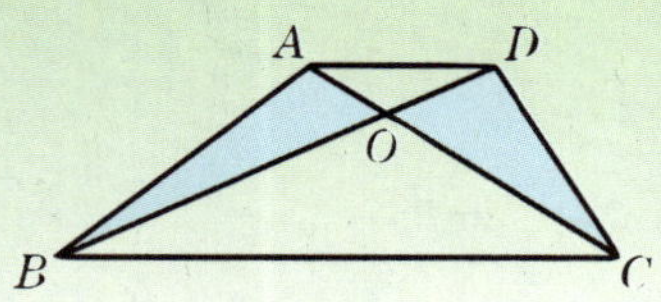

（第 2 题）

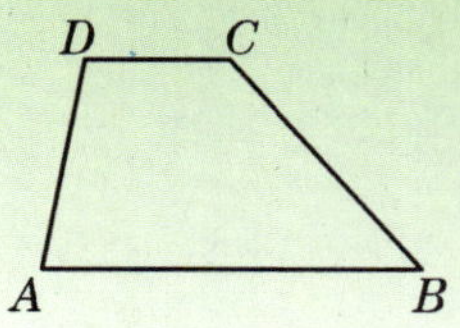

（第 3 题）

22.5　等腰梯形

联想“等腰三角形的底角相等”，我们来研究等腰梯形是否有类似的性质.

> 一个等腰三角形被平行于底边且与两腰相交(交点非顶点)的直线所截，截得的四边形一定是等腰梯形.

探究

如果四边形 $ABCD$ 是等腰梯形，其中 $AD\parallel BC$，$AB=DC$，能推出 $\angle B=\angle C$ 吗?

分析问题中的条件和结论，我们想到，可以把梯形的一腰平行移动到与另一腰共顶点的位置，把问题转化成一个等腰三角形中的问题.

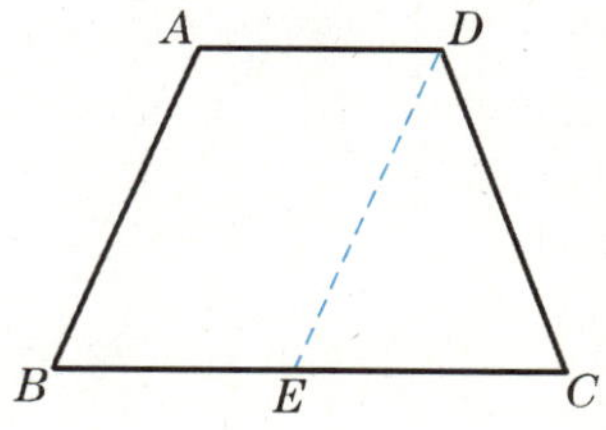

图 22－50

如图 22－50，过点 D 作 $DE\parallel AB$，DE 交 BC 于点 E，得到四边形 $ABED$ 和 $\triangle DEC$.

因为 $AD\parallel BC$，$DE\parallel AB$；

所以四边形 $ABED$ 是平行四边形(平行四边形的定义).

得　$DE=AB$(平行四边形的对边相等).

> 利用“夹在两条平行线间的平行线段相等”，可由 $AD\parallel BC$，$DE\parallel AB$，直接得 $DE=AB$.

再由 $AB=CD$，得 $DE=DC$，所以 $\angle DEC=\angle C$.

而由 $DE\parallel AB$，可知 $\angle DEC=\angle B$，于是推出 $\angle C=\angle B$.

进一步还可以得到 $\angle A=\angle ADC$.

因此，等腰梯形有以下性质：

等腰梯形性质定理 1　等腰梯形在同一底上的两个内角相等.

想一想

还有其他方法证明等腰梯形性质定理 1 吗? 如图 22－51 添加辅助线，试一试.

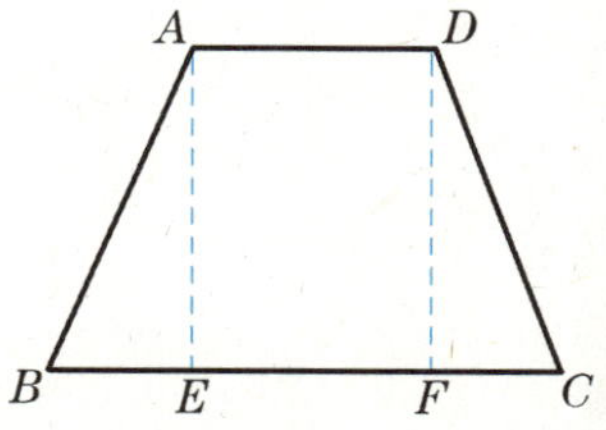

图 22－51

例题3　已知：如图 22－52，等腰梯形 $ABCD$ 中，$AD\parallel BC$，腰 BA 和 CD 的延长线相交于点 E.

求证：$\triangle EAD$ 是等腰三角形.

证明　$\because$　四边形 $ABCD$ 是等腰梯形，$AD\parallel BC$，

$\therefore$　$\angle B=\angle C$(等腰梯形在同一底上的两个内角相等).

$\because$　$AD\parallel BC$，

$\therefore$　$\angle 1=\angle B$，$\angle 2=\angle C$，

得　$\angle 1=\angle 2$.

$\therefore$　$\triangle EAD$ 是等腰三角形.

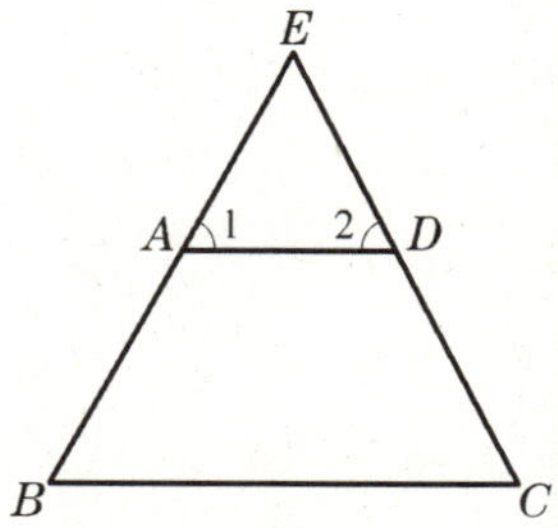

图 22－52

在图 22－52 中，作$\angle E$的平分线，则它既垂直平分AD，又垂直平分BC，即$\angle E$的平分线所在的直线经过AD的中点O_1和BC的中点O_2，如图 22－53 所示.

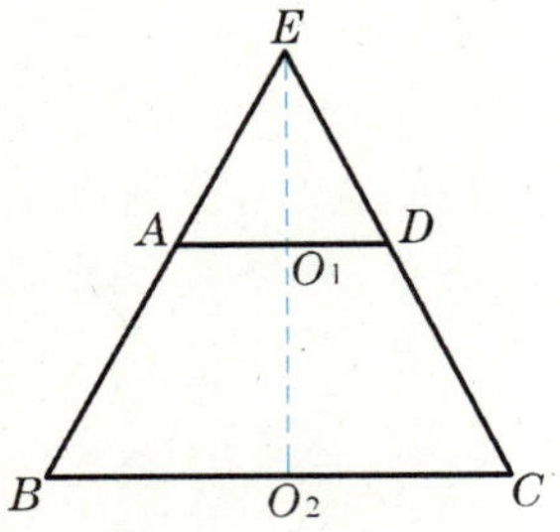

图 22－53

我们知道，等腰三角形是轴对称图形，顶角平分线所在的直线是它的对称轴. 通过例题 3 可以看到，等腰梯形$ABCD$关于直线O_1O_2对称，而任一等腰梯形都可以同样作出它所在的等腰三角形，因此我们得到：等腰梯形是一个轴对称图形，对称轴就是两底的中点的连线所在的直线.

等腰梯形有两条对角线，这两条对角线相等. 这是等腰梯形的性质定理 2，我们把它的证明留作练习.

等腰梯形性质定理 2　等腰梯形的两条对角线相等.

练习 22.5(1)

1. 求证：等腰梯形的两条对角线相等.
2. 已知：如图，在等腰梯形$ABCD$中，$AD /\!/ BC$，$AB=DC$，E是AD延长线上一点，$CE=CD$. 求证：$\angle E=\angle B$.

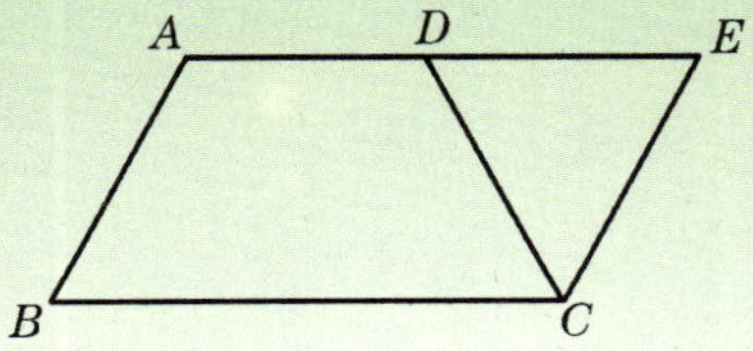

（第 2 题）

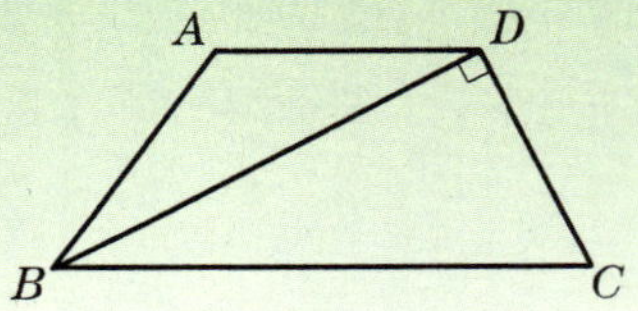

（第 3 题）

3. 如图，在等腰梯形$ABCD$中，$AD /\!/ BC$，$AD=AB$，$BD \perp DC$，求$\angle C$的度数.

下面，我们来研究等腰梯形的判定方法.

问题

如果一个梯形同一底边上的两个内角相等，那么这个梯形一定是等腰梯形吗？

上述问题的结论是肯定的. 如果在梯形$ABCD$中，$BC /\!/ AD$，那么利用图 22－50，由“三角形中等角对等边”，可得$DE=DC$，再推出$AB=DC$. 于是，得到以下定理：

等腰梯形判定定理 1　在同一底边上的两个内角相等的梯形是等腰梯形.

我们再来讨论等腰梯形性质定理 2 的逆命题：

已知：梯形 $ABCD$ 中，$AD /\!/ BC$，$BD=AC$.

求证：梯形 $ABCD$ 是等腰梯形.

分析：要证明梯形 $ABCD$ 是等腰梯形，只要证明 $AB=CD$. 为此，可先证明$\triangle ABC$ 和$\triangle DCB$ 全等，它们已有两边分别对应相等，故还需证明其夹角对应相等.

证明：如图 22－54，过点 D 作 $DE /\!/ AC$，DE 与 BC 的延长线交于点 E.

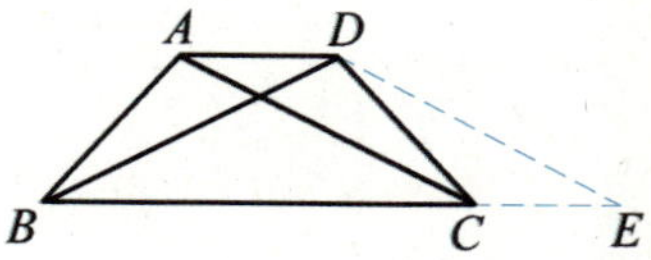

图 22－54

∵ $AD /\!/ BC$，$DE /\!/ AC$，

∴ $DE=AC$（夹在两条平行线间的平行线段相等）；

且 $\angle ACB=\angle E$.

∵ $BD=AC$，

∴ $BD=DE$， 得 $\angle E=\angle DBC$.

∴ $\angle ACB=\angle DBC$.

又∵ $BC=CB$，

∴ $\triangle ABC \cong \triangle DCB$，得 $AB=CD$.

∴ 梯形 $ABCD$ 是等腰梯形（等腰梯形的定义）.

由此得到：

在图 22－54 中，分别过 A、D 作 $AE \perp BC$ 于点 E、$DF \perp BC$ 于点 F，构造 $\mathrm{Rt}\triangle ACE$ 和 $\mathrm{Rt}\triangle DBF$，能证明等腰梯形判定定理 2 吗？

等腰梯形判定定理 2　对角线相等的梯形是等腰梯形.

例题4　如图 22－55，已知梯形 $ABCD$ 中，$BC /\!/ AD$，$DE /\!/ AB$，$DE=DC$，$\angle A=110°$，求梯形的其他三个内角的度数.

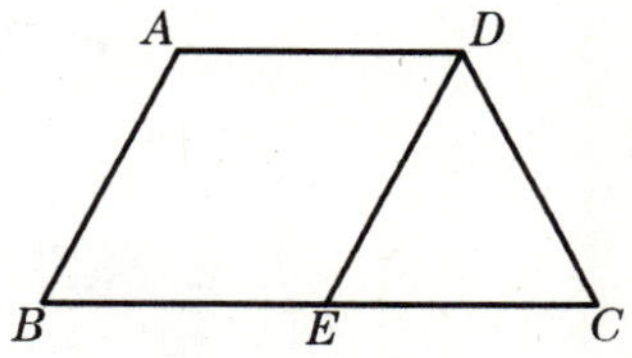

图 22－55

证明　∵ $BC /\!/ AD$，$DE /\!/ AB$，

∴ 四边形 $ABED$ 是平行四边形.

∴ $AB=DE$（平行四边形的对边相等）.

又∵ $DE=DC$，

∴ $AB=DC$.

∴ 梯形 $ABCD$ 是等腰梯形（等腰梯形的定义）.

∴ $\angle B=\angle C=180°-\angle A=70°$，$\angle ADC=\angle A=110°$.

例题5　已知梯形的两底和两腰，求作这个梯形.

已知：线段 a、b、c、d，其中 $a>b$（如图 22－56）.

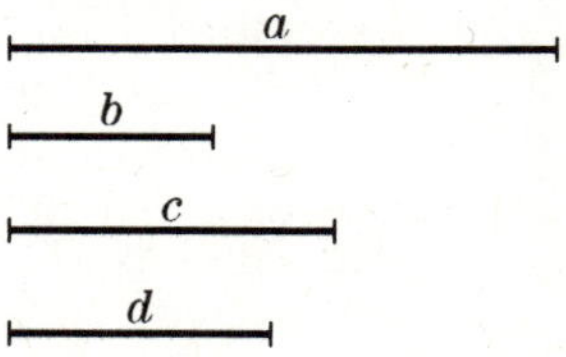

图 22－56

求作：梯形 $ABCD$，使 $AB /\!/ DC$，$AB=a$，$DC=b$，$DA=c$，$CB=d$.

分析　假设梯形 $ABCD$ 已经作出. 作 $DE /\!/ CB$，交 AB 于点 E，可知四边形 $EBCD$ 为平行四边形，于是 $DE=BC=d$，$EB=DC=b$. 这时，在$\triangle AED$ 中，$AE=a-b$，$DE=d$，$DA=c$. 根据给定的条件，可由 AE、DA、DE 为边作出$\triangle AED$，再作平行四边形 $EBCD$，

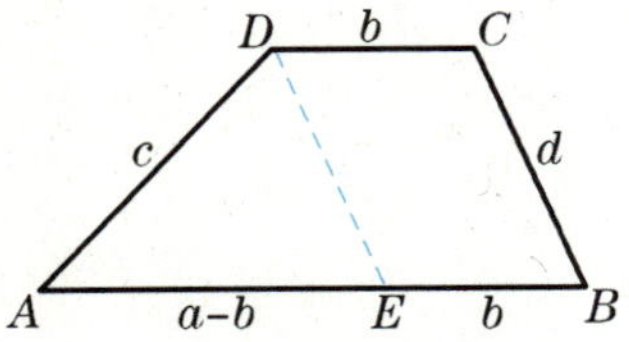

图 22－57

就可以得到所求作的梯形.

作法　如图 22－57 所示，

1. 作△AED，使 $AE=a-b$，$DA=c$，$DE=d$.

2. 延长 AE 到点 B，使得 $EB=b$.

3. 分别过点 B、D 作 $BC/\!/DE$，$DC/\!/AB$，BC、DC 相交于点 C.

四边形 $ABCD$ 就是所求作的梯形.

练习 22.5(2)

1. 如图，四边形 $ABDE$ 由三个全等的等边三角形组成，它是一个等腰梯形吗？为什么？

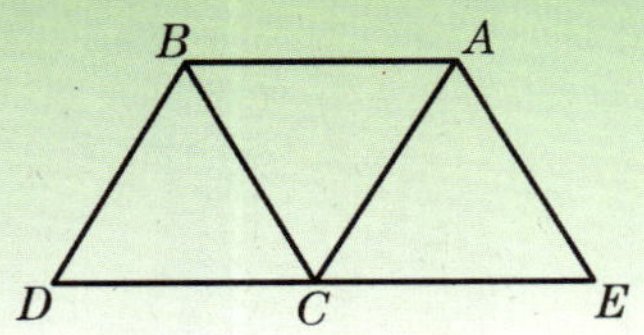

（第 1 题）

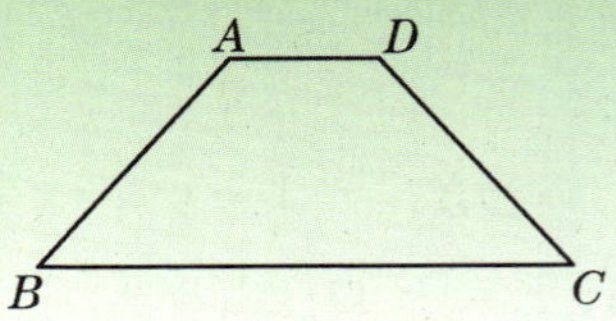

（第 3 题）

2. 画一个等腰梯形，使得它的上、下底分别是 5 cm、13 cm，高为3 cm，并求出它的周长.

3. 已知：如图，在四边形 $ABCD$ 中，$AD<BC$，$AB=DC$，$\angle B=\angle C$.
求证：四边形 $ABCD$ 是等腰梯形.

22.6　三角形、梯形的中位线

问题1

一张三角形纸片，可用一条平行于这个三角形一边的直线，把它分割成一个梯形和一个小三角形. 如果所得的梯形和小三角形恰好拼成一个平行四边形，那么这条用于分割的直线与三角形另外两边的交点在什么位置？

如图 22－58(1)，△ABC 被平行于边 BC 的直线 l 分成梯形 $DBCE$ 和小三角形 ADE. 如果梯形 $DBCE$ 和△ADE 恰好能拼成一个平行四边形 $BCFD$，如图 22－58(2)，那么必有△$CFE\cong$△ADE（为什么?），可知 $AE=EC$，$AD=CF$，$DE=EF$. 这时，E 为 AC 的中点；又 $CF=BD$，得 $AD=BD$，即 D 为 AB 的中点.

所以，用于分割的直线与三角形另两边的交点分别是这两边的中点.

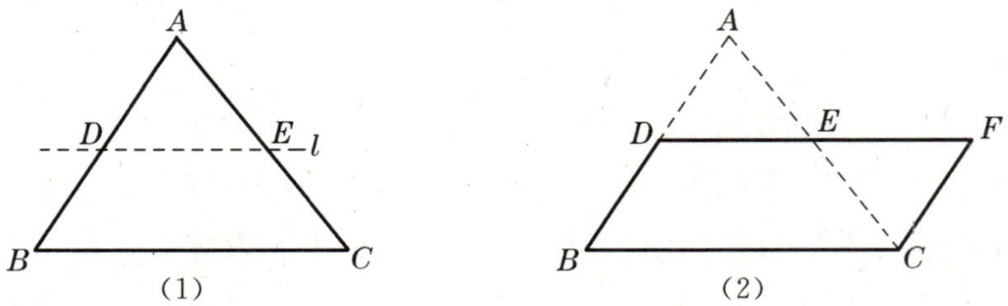

图 22－58

想一想

图 22—58 中，线段 DE 与边 BC 有什么数量关系？

一个三角形有几条中位线？三角形的中位线与中线有什么区别？

联结三角形两边的中点的线段叫做**三角形的中位线**.

如图 22—59，设 D、E 分别是 $\triangle ABC$ 的边 AB、AC 的中点，则线段 DE 是 $\triangle ABC$ 的一条中位线.

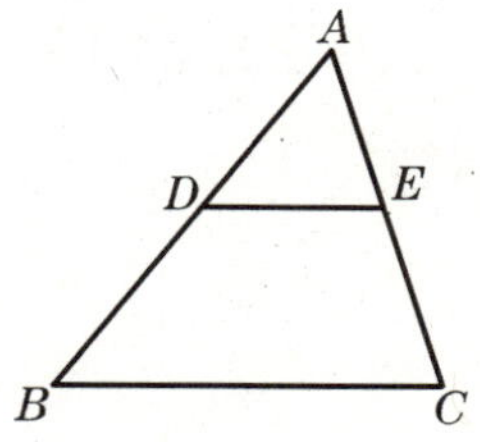

图 22—59

通过上面问题的讨论，可以看到，$\triangle ABC$ 的中位线 DE 平行于 BC，且 $DE=\frac{1}{2}BC$. 我们来证明这个结论.

已知：如图 22—59，在 $\triangle ABC$ 中，$AD=BD$，$AE=CE$.

求证：$DE\parallel BC$，且 $DE=\frac{1}{2}BC$.

分析：以点 E 为旋转中心，把 $\triangle ADE$ 旋转 $180°$. 只要证明它与梯形 $DBCE$ 拼成的图形是平行四边形，就可以得到要证明的结论.

证明：如图 22—60，延长 DE 至点 F，使 $EF=DE$，联结 CF.

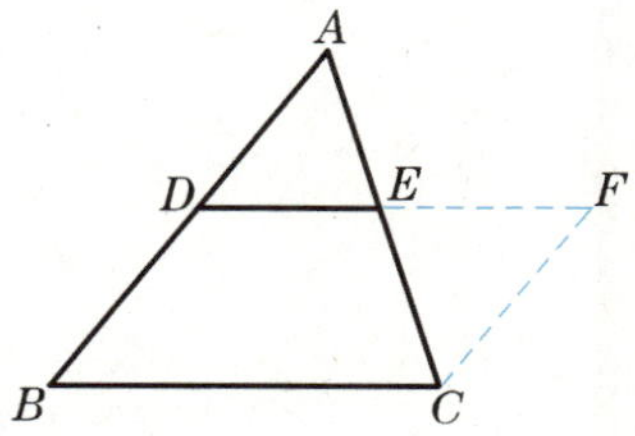

图 22—60

∵ $AE=EC$，$\angle AED=\angle CEF$，

∴ $\triangle ADE\cong\triangle CFE$， 得 $AD=CF$，$\angle A=\angle ECF$.

∴ $AB\parallel CF$，即 $BD\parallel CF$.

∵ $AD=DB$，$AD=CF$，

∴ $DB=CF$.

∴ 四边形 $BCFD$ 是平行四边形（一组对边平行且相等的四边形是平行四边形），

得 $DF\parallel BC$，且 $DF=BC$.

∴ $DE\parallel BC$，且 $DE=\frac{1}{2}BC$.

还有其他的证明方法吗？

于是，我们得到三角形中位线的性质：

三角形中位线定理　三角形的中位线平行于第三边，并且等于第三边的一半.

例题6　已知：如图 22—61，点 O 是 $\triangle ABC$ 内任意一点，D、E、F、G 分别是 OA、OB、BC、AC 的中点.

求证：四边形 $DEFG$ 是平行四边形.

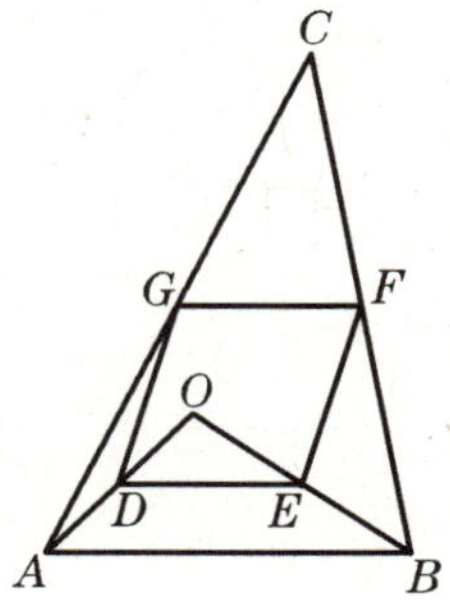

图 22—61

分析　要证明四边形 $DEFG$ 是平行四边形，需要利用平行四边形的判定定理. 根据有关中点的条件，可运用三角形的中位线定理来解决.

证明　∵ F、G 分别是 CB 和 CA 的中点，

∴ $GF\parallel AB$，且 $GF=\frac{1}{2}AB$（三角形的中位线平行于第三

边，并且等于第三边的一半）．

同理，可得 $DE // AB$，且 $DE=\frac{1}{2}AB$.

∴ $GF // DE$，且 $GF=DE$.

∴ 四边形 $DEFG$ 是平行四边形（一组对边平行且相等的四边形是平行四边形）．

练习 22.6(1)

1. 如图，已知 $AD=DB$，$AE=EC$．
   (1) 如果 $BC=\sqrt{3}$，那么 $DE=$ ______；
   (2) 如果 $DE=5$，那么 $BC=$ ______．
2. 已知：如图，$\triangle ABC$ 中，D、E、F 分别是 AB、BC、CA 三边的中点．求证：中位线 DF 和中线 AE 互相平分．

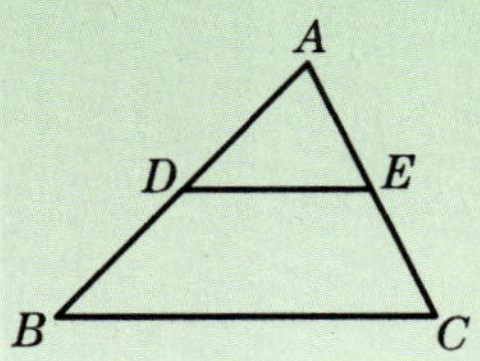

（第 1 题）

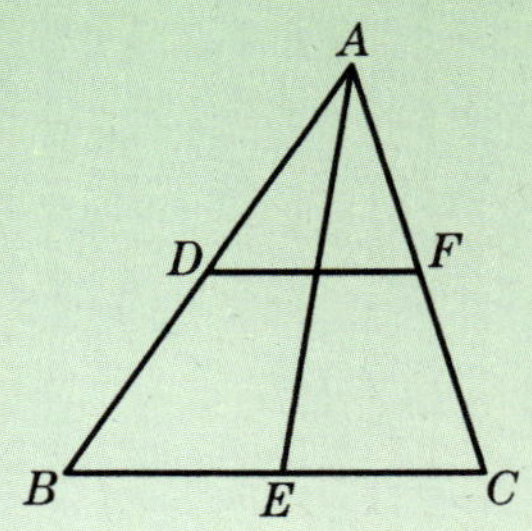

（第 2 题）

3. 如图，B、C 两点被海水隔开，在 B、C 外选择一点 A，找到 AB、AC 的中点 E、F，测量得 $EF=22$ 米，这样就能求出 B、C 两点间的距离．请说出这是为什么？

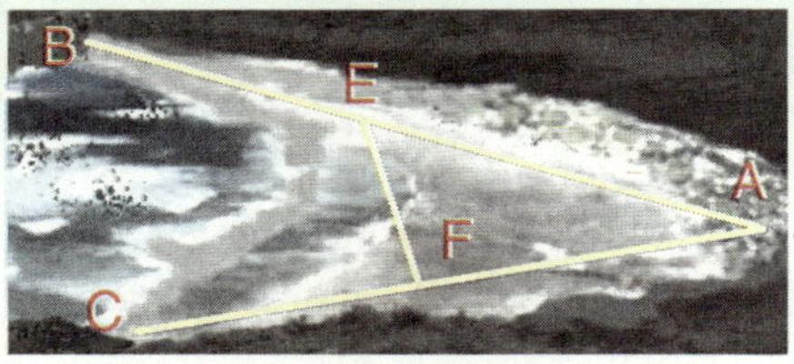

4. 求证：顺次联结四边形四条边的中点，所得的四边形是平行四边形．

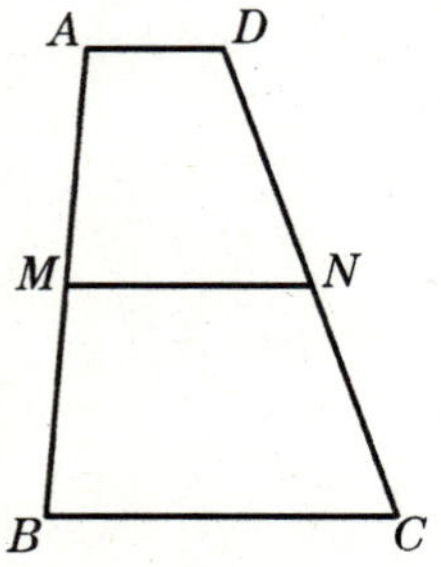

图 22－62

与三角形的中位线相类似，我们把联结梯形两腰的中点的线段叫作**梯形的中位线**.

如图 22－62，设点 M、N 分别是 AB、CD 的中点，则线段 MN 是梯形 $ABCD$ 的中位线．

观察图 22－62，类比三角形中位线的性质，我们从梯形 $ABCD$ 的中位线 MN 与它的两底的位置关系和数量关系来讨论梯形中位线的性质．

已知：如图 22－62，梯形 $ABCD$ 中，$AD // BC$，$AM=MB$，$DN=NC$．

求证：$MN // BC$，且 $MN=\frac{1}{2}(AD+BC)$．

猜想：$MN // AD // BC$，且 $MN=\frac{1}{2}(AD+BC)$．

分析：如果平移 AD 到 BC 的延长线上，把 $AD+BC$ 转化为 BE，那么待证的结论与三角形的中位线性质在形式上一致．由此想到，要构造三角形，使 BE 为这个三角形的一边，且 MN 是它的中位线．

证明：如图 22－63，联结 AN 并延长，交 BC 的延长线于点 E．

∵ $AD // BC$，

∴ $\angle DAN=\angle NEC$，$\angle ADN=\angle ECN$．

又∵ $DN=NC$，

∴ $\triangle ADN \cong \triangle ECN$， 得 $AN=EN$，$AD=EC$．

∵ $AM=MB$，

∴ MN 是$\triangle ABE$ 的中位线．

∴ $MN // BC$，$MN=\frac{1}{2}BE$（三角形的中位线平行于第三边，并且等于第三边的一半）．

∵ $BE=BC+CE=BC+AD$，

∴ $MN=\frac{1}{2}(BC+AD)$．

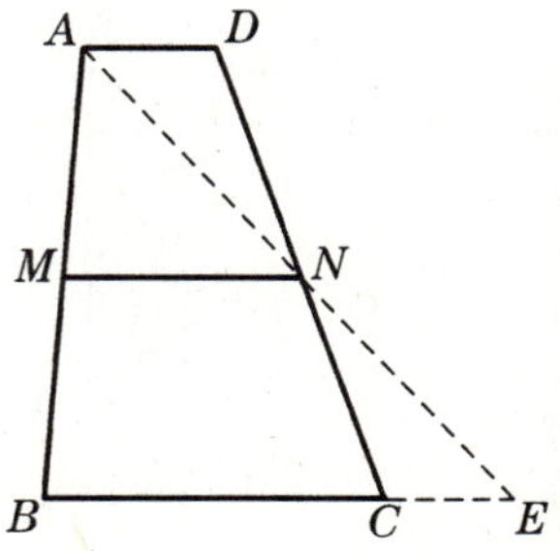

图 22－63

因此，梯形的中位线具有以下性质：

梯形中位线定理　梯形的中位线平行于两底，并且等于两底和的一半．

例题7　一把梯子如图 22－64 所示，其中四边形 $AKLB$ 是梯形．已知 $AC=CE=EG=GK$，$BD=DF=FH=HL$，$AB=0.6$ m，$CD=0.7$ m，求 EF、GH、KL 的长．

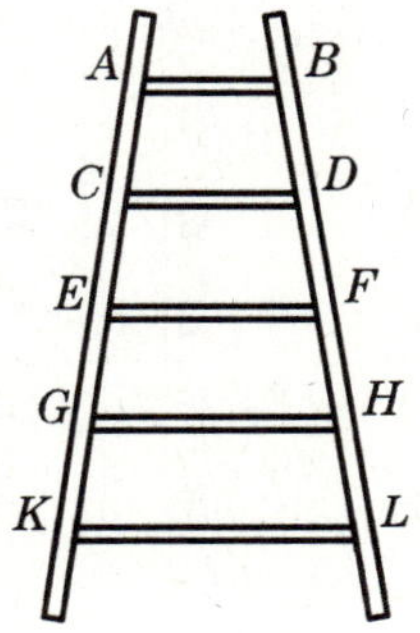

图 22－64

解　∵ $AC=CE=EG=GK$，$AC+CE=AE$，$EG+GK=EK$，

∴ $AE=EK$．

同理，可得 $BF=FL$．

∴EF 是梯形 $AKLB$ 的中位线．

得 $EF // AB // KL$，$EF=\frac{1}{2}(AB+KL)$（梯形的中位线平行于两底，并且等于两底和的一半）．

同理，可得 $CD=\frac{1}{2}(AB+EF)$，$GH=\frac{1}{2}(EF+KL)$．

∵ $AB=0.6(\text{m})$，$CD=0.7(\text{m})$，

∴ $EF=2CD-AB=2\times0.7-0.6=0.8(\text{m})$；

$KL=2EF-AB=2\times0.8-0.6=1(\text{m})$；

$$GH=\frac{1}{2}(EF+KL)=\frac{1}{2}\times(0.8+1)=0.9(\text{m}).$$

因此，$EF=0.8$ m，$GH=0.9$ m，$KL=1$ m.

例题8 已知：梯形 $ABCD$ 中，$AD /\!/ BC$，E 为 AB 中点，$AD+BC=DC$.

求证：$DE\perp EC$，DE 平分$\angle ADC$，CE 平分$\angle BCD$.

分析 由已知条件，联想到利用梯形 $ABCD$ 的中位线，并且可知中位线的长是 DC 的一半；又梯形中位线与上、下底平行，于是可以从几对等角中获得结论.

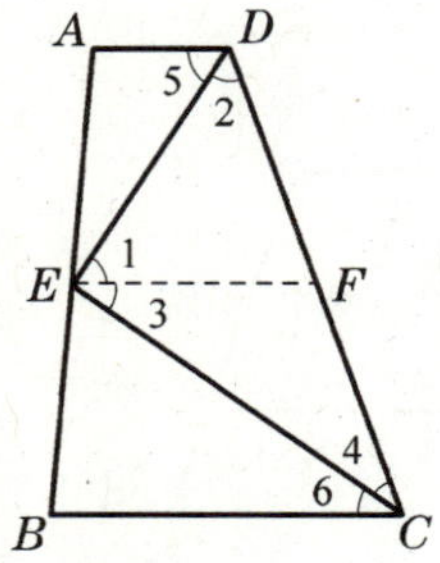

图 22－65

证明 如图 22－65，取 DC 中点 F，联结 EF.

已知 E 为 AB 中点，则 EF 为梯形的中位线 ，

得 $EF /\!/ AD /\!/ BC$ ，$EF=\frac{1}{2}(AD+BC)$（梯形的中位线平行于两底，并且等于两底和的一半）.

∴ $\angle 1=\angle 5$，$\angle 3=\angle 6$.

∵ $DC=AD+BC$ ，

∴ $EF=\frac{1}{2}DC=DF=CF$. 得$\angle 1=\angle 2$，$\angle 3=\angle 4$.

∴ $\angle 2=\angle 5$，$\angle 4=\angle 6$ ，

即 DE 平分$\angle ADC$，CE 平分$\angle BCD$.

又∵ $\angle 1+\angle 3+\angle 2+\angle 4=180°$，得 $\angle 1+\angle 3=90°$，

∴ $DE\perp CE$.

练习 22.6(2)

1. 如图，梯形 $ABCD$ 中，$AD /\!/ BC$，MN 是它的中位线.
   (1) 如果 $AD=3$，$BC=5$，那么 $MN=$________；
   (2) 如果 $AD=5$，$MN=7$，那么 $BC=$________；
   (3) 如果 $BC=a$，$MN=3$，那么 $AD=$________.
2. 已知梯形的中位线长为 m 米，高为 h 米，那么梯形的面积是多少平方米？
3. 如图是一个形如直角梯形的鱼塘，已知 $AB=200$ m，$BC=400$ m，$CD=250$ m，E、F 分别是 AD、BC 的中点. 现要在 E、F 处建一道隔离栏，把鱼塘分给两家渔民进行承包，并且约定承包费用按照水面面积分摊，那么应按什么比例来分摊总承包金额？

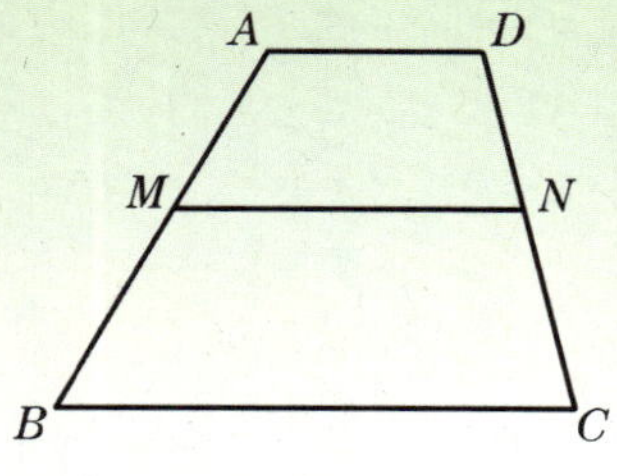

（第 1 题）

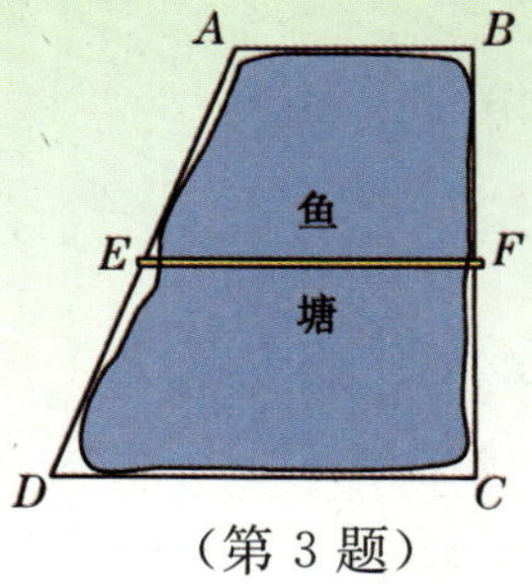

（第 3 题）

第四节 平面向量及其加减运算

22.7 平面向量

如果某人(或物体)从一个位置转移到另一个位置,我们仅关心其所在位置的变动,就说这是“位置移动”. 下面来讨论怎样简明地描述一次“位置移动”.

问题1

甲乙两个学生分别站在操场上的某一位置,如果指挥者向学生甲发出一个口令:“三步走!”那么甲的反应通常是不知如何移动. 如果指挥者向学生乙发出一个口令:“向前三步走!”那么乙就毫不迟疑地移动到一个新的位置. 为什么甲乙两个学生听到口令以后的反应不一样?

学生乙知道移动的方向和距离.

问题2

一位来上海观光的游客在西藏中路上向小明问路:“到外滩黄浦公园怎样走?”小明热情地告诉他:“从这里沿着西藏中路向南走大约 200 米到第一百货商店,再沿着南京东路向东走大约 2 000 米就到了”. 游客对小明的回答非常满意,这是为什么?

小明指路时,讲清了行走的方向和距离,游客一听就明白.

由此可见,一次“位置移动”反映了两个位置的差别. 描述一次“位置移动”时,不仅要指出移动的距离大小,还要指出移动的方向.

在生活实际中可以看到,许多路标指示某地相对于标牌的位置时,常用醒目的箭头指出某地所在的方向,再标明距离多少,既简明又清晰.

在几何中,上面所说的一次“位置移动”,是由两个点的相对位置确定的,它反映了“两个点的位置差别”.

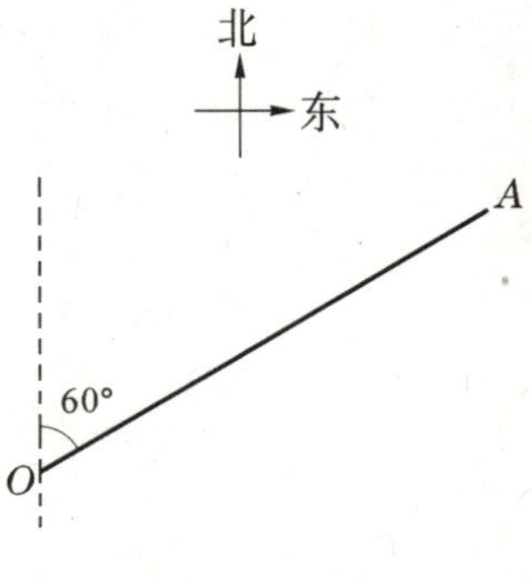

图 22－66

描述两个点的位置差别(或相对位置),要指出这两点的距离,以及从其中一个点到另一点的方向. 例如,指明点 A 与点 O 之间的距离等于 5 cm,点 A 在点 O 的北偏东 60°方向(即从点 O 到点 A 的方向是北偏东 60°),就完整地描述了点 A 相对于点 O 的位置差别;这时可由点 O 的位置唯一确定点 A 的相对位置,如图 22－66

所示.

在问题 2 中，小明为游客指路其实是描述了两次"位置移动".

操作 1

画一个"小明指路"的示意图.

取比例尺为 $1:20\,000$，按以下方法操作：

> 图中用线段的长度表示距离 200 米或 2 000 米时，不能如实画出，因此要先定比例尺. 由比例尺为 $1:20\,000$，可知线段长 1 厘米表示实际距离 200 米.

(1) 在平面上取一点 A 表示游客问路时所在的位置，从点 A 向南画一条射线，并在所画射线上截取线段 $AB=1$ 厘米，这时点 B 表示"第一百货商店"所在的位置，在点 B 处画一个箭头.

(2) 从点 B 向东画一条射线，并在所画射线上截取线段 $BC=10$ 厘米，这时点 C 表示"外滩黄浦公园"所在的位置，在点 C 处画一个箭头.

这样就画出了"小明指路"的示意图，如图 22－67.

图 22－67

在图 22－67 中，线段 AB、BC 分别带有一个箭头，指明线段 AB 具有从 A 到 B 的方向(即向南)，线段 BC 具有从 B 到 C 的方向(即向东)；线段的长度是按照它与实际距离之比为 $1:20\,000$ 来确定的.

规定了方向的线段叫做**有向线段**(directed line segment). 有向线段的方向是从一点到另一点的指向，这时线段的两个端点有顺序，我们把前一点叫做**起点**，另一点叫做**终点**，画图时在终点处画上箭头表示它的方向.

> 注意，用两个字母标记有向线段时，起点字母必须写在终点字母的前面.

图 22－67 中的线段 AB、BC 都是有向线段. "有向线段 AB"以 A 为起点、B 为终点，用符号标记为$\overrightarrow{AB}$. 这时，$\overrightarrow{AB}$表示点 B 相对于点 A 的位置差别，可表述为：点 B 在点 A 的南方，距离 200 米. 类似地，"有向线段 BC"记作$\overrightarrow{BC}$，它表示点 C 相对于点 B 的位置差别.

想一想

线段 PQ 与线段 QP 一样吗？有向线段$\overrightarrow{PQ}$与有向线段$\overrightarrow{QP}$一样吗？如果不一样，那么它们有什么差别？

问题3

我们在七年级学习了“图形的运动”，知道“平移”是指“图形上的所有点按照某个方向作相同距离的位置移动”. 如果有一个平移，它的方向是南偏东 30°，移动距离是 4 cm，这个平移可以用有向线段来表示吗？

假设图形上的一点 M 通过这个平移而到点 M' 的位置，那么可作有向线段 $\overrightarrow{MM'}$. 这时线段的长等于 4 cm；从 M 到 M' 的指向是南偏东 30°. 同样地，还可由图形上其他任意一点 P 和它平移后所对应的点 P' 作有向线段 $\overrightarrow{PP'}$. 当然，$\overrightarrow{PP'}$ 与 $\overrightarrow{MM'}$ 一定“同向且等长”. 可见，描述一个平移的要素是距离大小和方向.

操作 2

画一条表示上述平移的有向线段.

画法如下：

(1) 在平面内任取一点 A，按照南偏东 30° 的方向作射线 AT；

(2) 在射线 AT 上截取线段 AB，使 $AB=4$ cm；

(3) 在 B 处画上箭头.

$\overrightarrow{AB}$ 就是表示这个平移的有向线段，如图 22－68 所示.

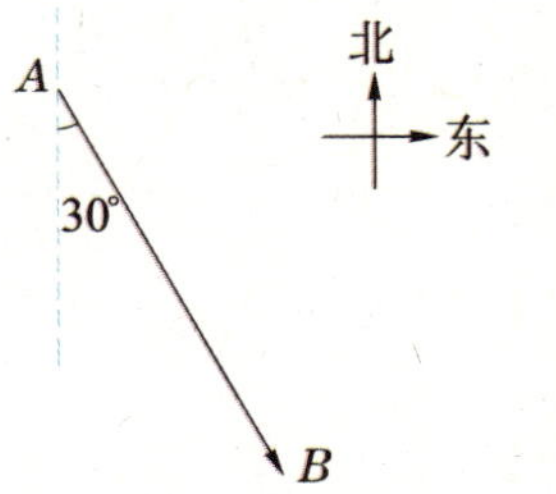

图 22－68

$\overrightarrow{AB}$ 的图形，直观、形象地显示了这个平移的本质特征.

通过两次操作，可归纳画有向线段的一般步骤是：(1) 定比例尺(当比例尺为 1∶1 时可省略这一步)；(2) 取定其起点并以它为端点按指定方向画一条射线；(3) 按比例尺确定的长度在所画射线上从端点开始截取一条线段；(4) 在截得的线段的另一端点处画上一个箭头.

例题1 如图 22－69，已知 $\triangle ABC$ 与有向线段 $\overrightarrow{EF}$，作出 $\triangle ABC$ 按有向线段 $\overrightarrow{EF}$ 表示的平移移动后所得的 $\triangle A'B'C'$.

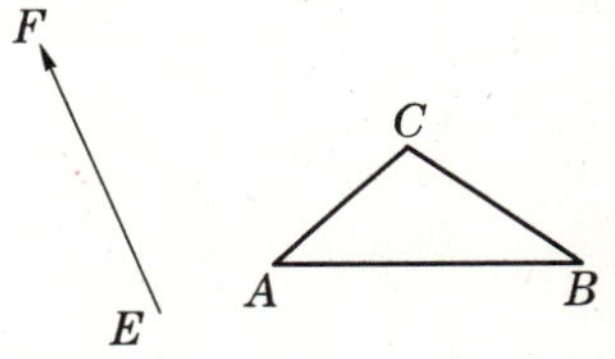

图 22－69

解 如图 22－70.

(1) 作有向线段 $\overrightarrow{AA'}$、$\overrightarrow{BB'}$、$\overrightarrow{CC'}$，使它们分别与有向线段 $\overrightarrow{EF}$ 同向且等长；

(2) 顺次联结 $A'B'$、$B'C'$、$C'A'$.

$\triangle A'B'C'$ 就是所求作的三角形.

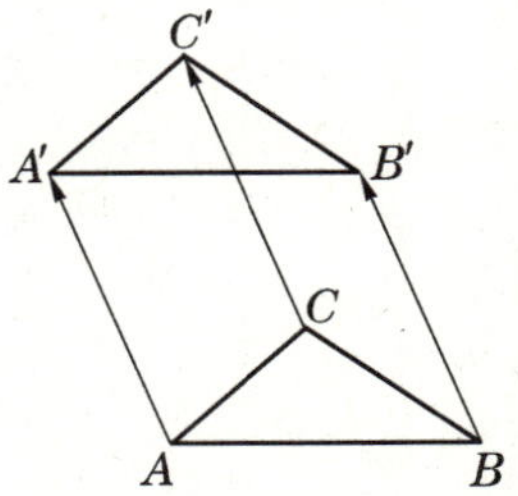

图 22－70

练习 22.7(1)

1. 取比例尺 1∶10 000，画有向线段并用符号表示出来：

（1） A 为起点，方向“西南”，长度 3 km；

（2） P 为起点，方向“北偏东 30°”，长度 2.5 km.

（第 1 题）

2. 如图，已知在梯形 $ABCD$ 中，$AB \parallel DC$，$\angle DAB = 48°$，$AB = 4$ 厘米，$AD = 2.5$ 厘米，$DC = 2$ 厘米；画图时所取比例尺是 1∶5 000，从 A 到 B 的方向是“向东”.

（1） 在图中分别画出表示点 A 相对于点 D、点 C 相对于点 D 的位置差别的有向线段；

（2） 具体描述点 A 相对于点 D、点 C 相对于点 D 的位置差别.

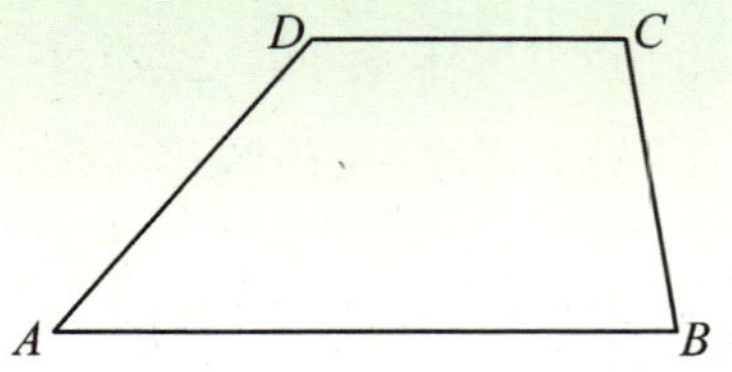

（第 2 题）

在我们以前认识的数或量中，例如实数 6、π、$-\sqrt{2}$，长度 5 千米，面积 8 平方米，时间 20 小时，等等，它们只有大小. 而上面对于“两个点的位置差别”、“平移”的描述，都涉及距离大小和方向这两个要素. 现在，我们引进一类新的量.

既有大小、又有方向的量叫做**向量**（vector）. 向量的大小也叫做**向量的长度**（或**向量的模**）.

向量可以用有向线段表示，有向线段的长度就表示向量的长度，有向线段的方向就表示向量的方向. 也可以说，有向线段是向量的几何直观表示.

如果有向线段$\overrightarrow{AB}$表示一个向量，通常就直接说向量$\overrightarrow{AB}$. 这个向量的长度记作$|\overrightarrow{AB}|$，它是一个数量.

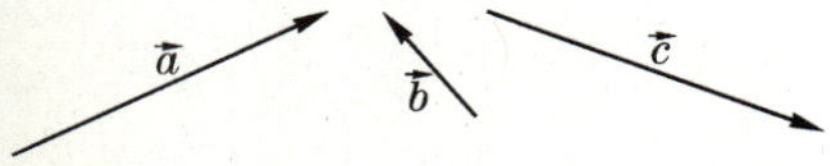

图 22－71

向量除了如上面的符号表示外，还可用一个小写的粗体英文字母表示，如 $\boldsymbol{a}$、$\boldsymbol{b}$、$\boldsymbol{c}$、…；也可以在字母上方加箭头表示，如 $\vec{a}$、$\vec{b}$、$\vec{c}$、…（如图 22－71）. 向量 $\vec{a}$ 的长度记作$|\vec{a}|$.

一个平移可以用向量来描述，如问题 3 中的平移，就说“按照方向为南偏东 30°、长度为 4 cm 的向量作平行移动”. 这个向量表示为图 22－68 中的有向线段$\overrightarrow{AB}$，就说“按照向量$\overrightarrow{AB}$作平移”.

通常我们所研究的向量只含有大小和方向两个要素，用有向线段表示向量时，与有向线段的起点位置无关.

为了表述的方便，我们有时也把有向线段的起点和终点称为它所表示的向量的起点和终点；两条不同的有向线段分别表示的向量，我们就说是“两个向量”.

在数学中，描述“两个点的位置差别”、“平移”等的量都是向量. 物理学中的位移、力等称为矢量，也就是向量，可用有向线段表示.

通常所说的向量是自由向量.

也有些量用向量来描述时，需要指明向量的起点. 例如在图 22－66中作向量$\overrightarrow{OA}$，这里指定以 O 为向量的起点，以$\overrightarrow{OA}$表示点 A 相对于点 O 的位置差别，表明点 A 在点 O 的“北偏东 60°，距离 5 cm”的位置. 又如物理学中的“力”用向量来表示时，也要考虑这个向量的起点.

例题2 如图 22－72，四边形 $ABCD$ 和 $EFGH$ 分别是平行四边形和梯形，梯形中 $EF \parallel HG$. 图中有向线段都表示向量，它们的起点和终点分别是所在四边形的顶点.

(1) 用符号表示各个向量；

(2) 每个四边形的对边上的两个向量，它们的方向是否相同或相反？它们的长度是否相等？

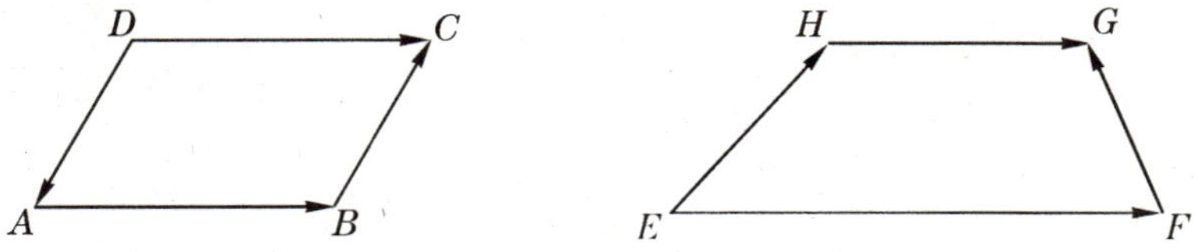

图 22－72

解 (1) 图中的向量有：

$\overrightarrow{AB}$、$\overrightarrow{BC}$、$\overrightarrow{DC}$、$\overrightarrow{DA}$、$\overrightarrow{EF}$、$\overrightarrow{FG}$、$\overrightarrow{HG}$、$\overrightarrow{EH}$.

(2) 向量$\overrightarrow{AB}$与$\overrightarrow{DC}$的方向相同，长度相等；向量$\overrightarrow{BC}$与$\overrightarrow{DA}$的方向相反，长度相等；向量$\overrightarrow{EF}$与$\overrightarrow{HG}$的方向相同，长度不相等；向量$\overrightarrow{FG}$与$\overrightarrow{EH}$的方向既不相同也不相反，长度不相等.

例题 2 告诉我们：用有向线段表示的两个向量，如果两条有向线段分别所在的直线平行(或重合)，那么这两个向量的方向相同或相反. 这个命题的逆命题也是正确的.

可见“方向”与“平行”有深刻的内在联系.

方向相同且长度相等的两个向量叫做**相等的向量**.

方向相反且长度相等的两个向量叫做**互为相反向量**.

方向相同或相反的两个向量叫做**平行向量**.

图 22－72 的向量中，

向量$\overrightarrow{AB}$与$\overrightarrow{DC}$是相等的向量，记作$\overrightarrow{AB}=\overrightarrow{DC}$；

向量$\overrightarrow{BC}$与$\overrightarrow{DA}$互为相反向量，记作$\overrightarrow{BC}=-\overrightarrow{DA}$；

向量$\overrightarrow{EF}$与$\overrightarrow{HG}$是平行向量，记作$\overrightarrow{EF} \parallel \overrightarrow{HG}$. 还有$\overrightarrow{AB}$与$\overrightarrow{DC}$、$\overrightarrow{BC}$与$\overrightarrow{DA}$也是平行向量，即$\overrightarrow{AB} \parallel \overrightarrow{DC}$、$\overrightarrow{BC} \parallel \overrightarrow{DA}$.

想一想

向量$\overrightarrow{AB}$与$\overrightarrow{BA}$是什么关系的向量？用符号表示出来.

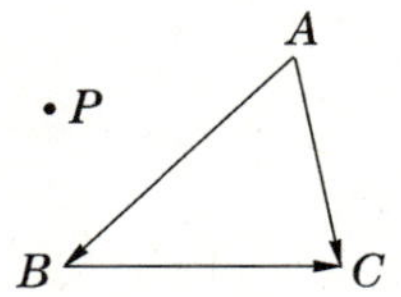

(1)

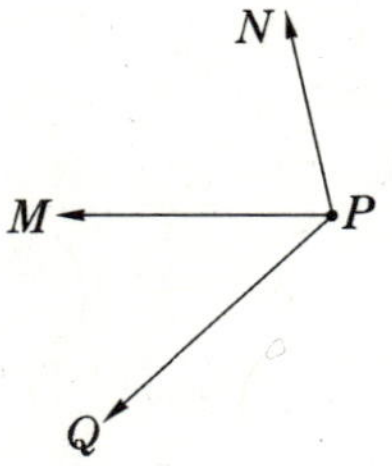

(2)

图 22－73

例题3 已知△ABC 和点 P，如图 22－73(1). 以点 P 为起点，分别画有向线段表示下列向量：

(1) 与$\overrightarrow{AB}$相等的向量；

(2) 与$\overrightarrow{BC}$互为相反向量的向量；

(3) 与$\overrightarrow{AC}$互为相反向量的向量.

解 如图 22－73(2).

(1) 作有向线段$\overrightarrow{PQ}$，使$\overrightarrow{PQ}$与有向线段$\overrightarrow{AB}$同向且等长. 有向线段$\overrightarrow{PQ}$就表示与$\overrightarrow{AB}$相等的向量.

(2) 作有向线段$\overrightarrow{PM}$，使$\overrightarrow{PM}$与有向线段$\overrightarrow{BC}$反向且等长. 有向线段$\overrightarrow{PM}$就表示与$\overrightarrow{BC}$互为相反向量的向量.

(3) 类似(2)，有向线段$\overrightarrow{PN}$就表示与$\overrightarrow{AC}$互为相反向量的向量.

上面画有向线段分别表示与$\overrightarrow{AB}$相等的向量、与$\overrightarrow{BC}$互为相反向量的向量的过程，可简单表述为：作向量$\overrightarrow{PQ}=\overrightarrow{AB}$，作向量$\overrightarrow{PM}=-\overrightarrow{BC}$.

练习 22.7(2)

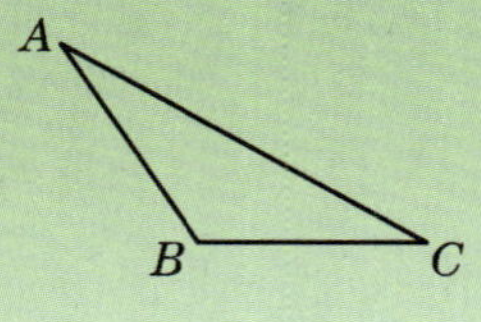

(第 1 题)

1. 如图，在△ABC 中，$AB=4$ 厘米，$BC=3.6$ 厘米，$AC=6.5$ 厘米. 试在图中画出表示向量$\overrightarrow{AB}$、$\overrightarrow{BC}$、$\overrightarrow{CA}$的有向线段，并分别指出这三个向量的长度(用符号表示).

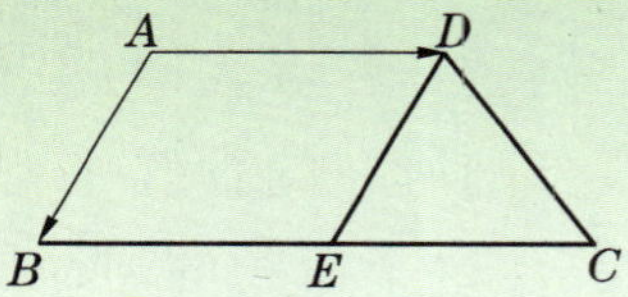

(第 2 题)

2. 如图，已知梯形 $ABCD$，$AD∥BC$，$AB=DC$，点 E 在 BC 上，$DE∥AB$. 如果把图中线段都画成有向线段，那么在这些有向线段表示的向量中，指出(用符号表示)：
   (1) 所有与$\overrightarrow{AB}$相等的向量；
   (2) 所有与$\overrightarrow{AB}$互为相反向量的向量；
   (3) 所有与$\overrightarrow{AD}$平行的向量.
3. 如果表示两个向量的有向线段具有同一起点，那么
   (1) 当两个向量相等时，两个有向线段的终点是否一定相同？
   (2) 当两个向量不相等时，两个有向线段的终点是否可能相同？

22.8 平面向量的加法

长度、面积、体积等是“数量”，又称为“标量”.

长度、面积、体积这些量，在确定度量单位以后，它们只有大小，可以用一个数来表示. 这些量中的同一类量，都可以进行加减运算，实际上也就是实数的加减运算. 而向量不仅有大小，还有方向，两个向量可以相加吗？

问题1

小明从 A 地出发向东行走 5 千米到达 B 地，再向北又走了 5 千米到达 C 地，那么小明这时在 A 地的什么方向上？到 A 地的距离是多少？

这个问题也可以用物理中的“位移”来叙述.

小明“从 A 地出发向东行走 5 千米到达 B 地”，是一次“位置移动”. 这一位置移动以 A 为起点，由移动的方向和距离所确定，因此可用指定起点的向量表示，就是$\overrightarrow{AB}$：“向东，5 千米”. 同样，小明从 B 地到 C 地的位置移动可用向量表示为$\overrightarrow{BC}$：“向北，5 千米”.

取 1∶250 000 的比例尺，如图 22－74，画有向线段表示向量$\overrightarrow{AB}$和$\overrightarrow{BC}$；再画有向线段$\overrightarrow{AC}$. 那么以 A 为起点的向量$\overrightarrow{AC}$表示从 A 地到 C 地的一次位置移动. 由画图可知，$\triangle ABC$ 是直角三角形，$\angle B=90^\circ$，$AB=BC=5$(千米). 于是，得$\angle BAC=45^\circ$，$AC=5\sqrt{2}\approx 7$(千米). 所以，向量$\overrightarrow{AC}$：“东北方向，7 千米”. 由此可知小明这时在 A 地的东北方向，到 A 地的距离约 7 千米.

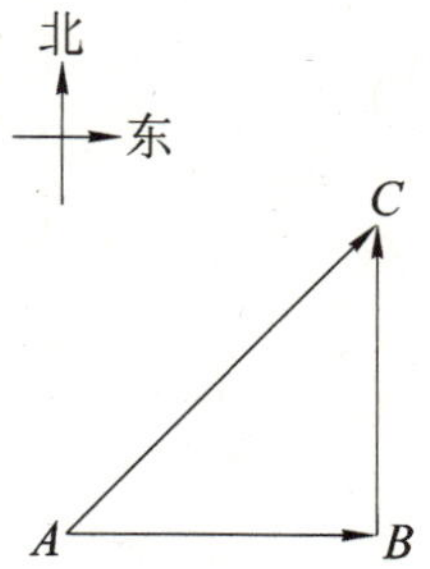

图 22－74

通过对两次平移的合成的讨论，说明求两个向量的和向量是现实的需要，而且和向量是确定的.

从 A 地到 B 地、再从 B 地到 C 地这两次位置移动合在一起，其结果就是从 A 地到C 地进行一次位置移动. 用向量来表示，就说“向量$\overrightarrow{AB}$与$\overrightarrow{BC}$合在一起是向量$\overrightarrow{AC}$”. 这时称$\overrightarrow{AC}$为$\overrightarrow{AB}$和$\overrightarrow{BC}$的和向量，可表示为

$$\overrightarrow{AB}+\overrightarrow{BC}=\overrightarrow{AC}.$$

求两个向量的和向量的运算叫做**向量的加法**.

问题2

已知向量 $\vec{a}$ 与 $\vec{b}$，怎样求这两个向量的和向量？

通过问题 1 的讨论可以看到，当两个位置向量首尾相接时，它们的和向量很容易确定. 因此，我们可采用作图的方法来规定向量加法的运算.

如果 $\vec{a}$ 与 $\vec{b}$ 是不平行的向量，那么如图 22－75，在平面内任取一点 O，作向量$\overrightarrow{OA}$，使$\overrightarrow{OA}=\vec{a}$；再作向量$\overrightarrow{AB}=\vec{b}$. 以 O 为起点、B 为终点画有向线段$\overrightarrow{OB}$，则有向线段$\overrightarrow{OB}$所表示的向量$\vec{c}$是向量 $\vec{a}$ 与向量 $\vec{b}$ 的和向量. 用算式表示为

$$\vec{a}+\vec{b}=\vec{c}.$$

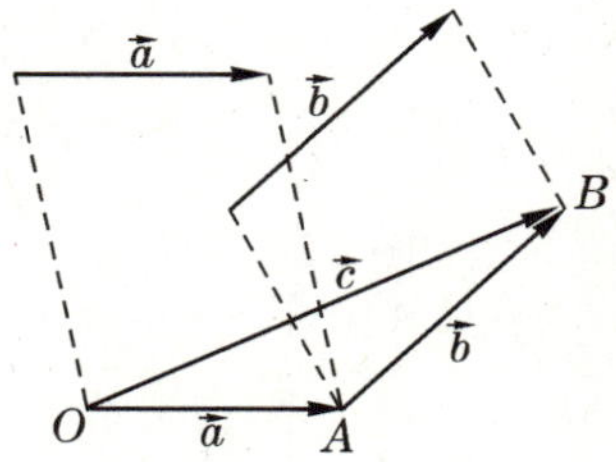

图 22－75

一般来说，求不平行的两个向量的和向量时，只要把第二个向量与第一个向量首尾相接，那么以第一个向量的起点为起点、第二个向量的终点为终点的向量就是和向量. 这样的规定叫做向量加法的**三角形法则**.

运用三角形法则的一般过程是：分别画出表示这两个向量的有向线段，其中第一条有向线段的终点为第二条有向线段的起点(即首尾相接)；再以第一条有向线段的起点为起点、第二条有向线段的终点为终点画有向线段.

如果 $\vec{a}$ 与 $\vec{b}$ 是两个平行向量，也可像上面一样作图，这时，向

量$\overrightarrow{OA}$、$\overrightarrow{AB}$、$\overrightarrow{OB}$在一条直线上(如图 22－76). 我们仍规定

$$\vec{a}+\vec{b}=\overrightarrow{OA}+\overrightarrow{AB}=\overrightarrow{OB}=\vec{c}.$$

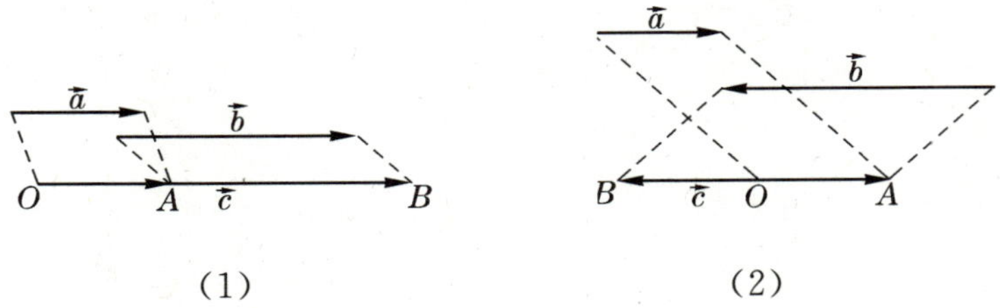

图 22－76

想一想

当$\vec{a}$与$\vec{b}$互为相反向量时,作$\overrightarrow{OA}=\vec{a}$,$\overrightarrow{AB}=\vec{b}$,这时点 B 与 O 的位置关系怎样？这时$\vec{a}$与$\vec{b}$的和是什么？

向量$\vec{a}$的相反向量可用$-\vec{a}$表示,互为相反向量的两个向量的和是特殊的向量.

一般地,我们把长度为零的向量叫做**零向量**,记作$\vec{0}$. 规定$\vec{0}$的方向可以是任意的(或者说不确定);$|\vec{0}|=0$.

将向量$\vec{0}$与数 0 类比,可见它们有类似的特性.

于是, $\vec{a}+(-\vec{a})=\vec{0}$.

对于任意的向量,都有

$$\vec{a}+\vec{0}=\vec{a};\quad \vec{0}+\vec{a}=\vec{a}.$$

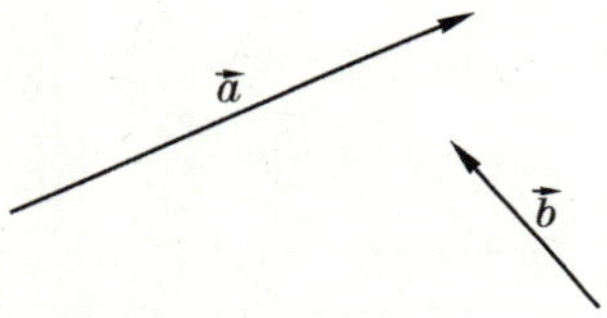

图 22－77

例题1 如图 22－77,已知向量$\vec{a}$、$\vec{b}$. 求作:

(1) $\vec{a}+\vec{b}$; (2) $\vec{b}+\vec{a}$.

解 (1) 如图 22－78(1),在平面内任取一点 A,作向量$\overrightarrow{AB}=\vec{a}$,$\overrightarrow{BC}=\vec{b}$;再作$\overrightarrow{AC}$,则$\overrightarrow{AC}=\vec{a}+\vec{b}$.

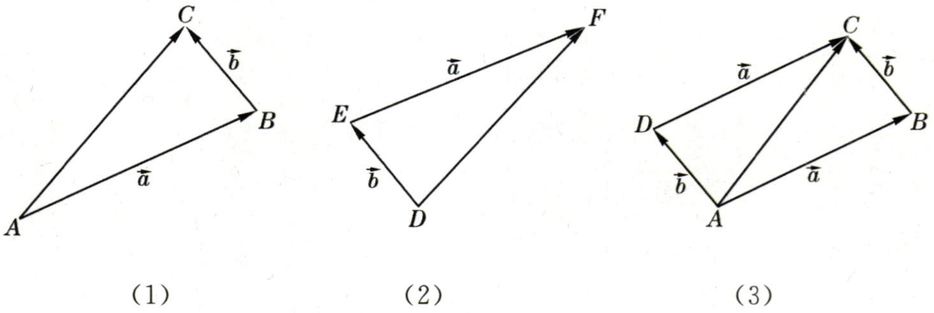

图 22－78

(2) 如图 22－78(2),在平面内任取一点 D,作向量$\overrightarrow{DE}=\vec{b}$,$\overrightarrow{EF}=\vec{a}$;再作$\overrightarrow{DF}$,则$\overrightarrow{DF}=\vec{b}+\vec{a}$.

我们也可以在解第(1)小题的基础上,来解第(2)小题. 如图 22－78(3),以 AB、BC 为邻边,作平行四边形 $ABCD$,再作向量$\overrightarrow{AD}$、$\overrightarrow{DC}$.

由平行四边形的定义和性质，可知

$AD /\!/ BC, AD=BC; DC /\!/ AB, DC=AB.$

所以$\overrightarrow{AD}=\overrightarrow{BC}=\vec{b}; \overrightarrow{DC}=\overrightarrow{AB}=\vec{a}.$

得 $\vec{b}+\vec{a}=\overrightarrow{AD}+\overrightarrow{DC}=\overrightarrow{AC}.$

把以上解法与第(1)小题联系起来，可见

$$\vec{a}+\vec{b}=\vec{b}+\vec{a}.$$

也就是说，**向量的加法满足交换律.**

例题2 如图 22－79，已知向量 $\vec{a}, \vec{b}, \vec{c}$. 求作：

(1) $(\vec{a}+\vec{b})+\vec{c}$；

(2) $\vec{a}+(\vec{b}+\vec{c})$.

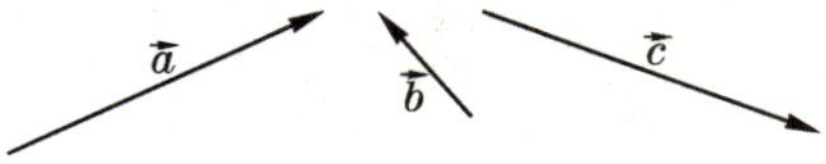

图 22－79

解 (1) 如图 22－80，在平面内任取一点 O，作向量$\overrightarrow{OA}=\vec{a}$，$\overrightarrow{AB}=\vec{b}$，得 $\vec{a}+\vec{b}=\overrightarrow{OB}$；再作$\overrightarrow{BC}=\vec{c}$，然后作向量$\overrightarrow{OC}$，则

$$\overrightarrow{OC}=\overrightarrow{OB}+\overrightarrow{BC}=(\vec{a}+\vec{b})+\vec{c}.$$

(2) 在图 22－80 中，作向量$\overrightarrow{AC}$，得 $\overrightarrow{AC}=\vec{b}+\vec{c}$，则

$$\overrightarrow{OC}=\overrightarrow{OA}+\overrightarrow{AC}=\vec{a}+(\vec{b}+\vec{c}).$$

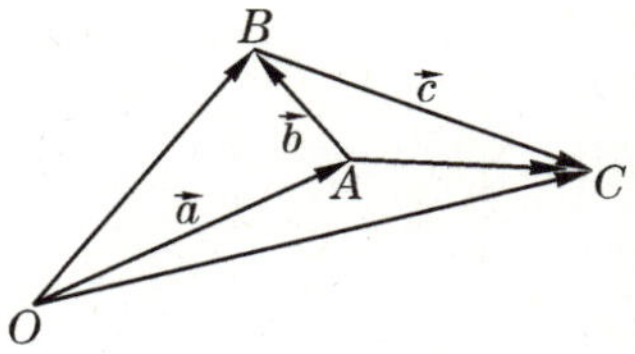

图 22－80

把第(1)、(2)小题联系起来，可见

$$(\vec{a}+\vec{b})+\vec{c}=\vec{a}+(\vec{b}+\vec{c}).$$

也就是说，**向量的加法满足结合律.**

由向量加法的交换律和结合律，可知三个向量相加，运算时可先将其中任意两个向量相加，所得的和向量再与第三个向量相加.

三个向量 $\vec{a}$、$\vec{b}$、$\vec{c}$ 相加，可表示为

$$\vec{a}+\vec{b}+\vec{c}.$$

练习 22.8(1)

1. 如图，已知向量 $\vec{a}, \vec{b}$，求作 $\vec{a}+\vec{b}$(只要求画图表示，不必写作法；以下同).

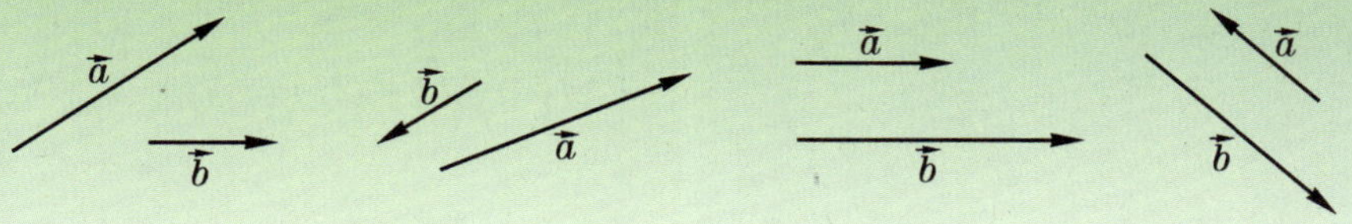

(第 1 题)

2. 如图，已知平行四边形 $ABCD$，在图中作出下列两个向量的和向量.

(1) $\overrightarrow{AB}+\overrightarrow{BD}, \overrightarrow{AB}+\overrightarrow{CA}$；

(2) $\overrightarrow{CA}+\overrightarrow{BD}$.

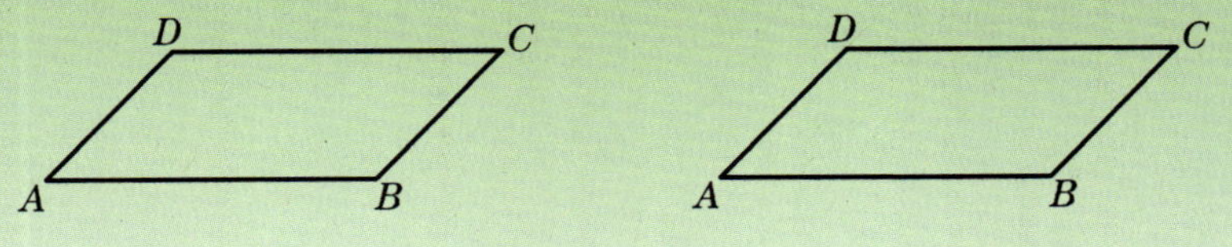

(1)　　　　(2)

（第 2 题）

3. 填空：

$\overrightarrow{AB}+\overrightarrow{BC}=$______，$\overrightarrow{CB}+\overrightarrow{BA}=$______，$\overrightarrow{OE}+\overrightarrow{ED}=$______.

问题3

已知四边形 $ABCD$ 及向量$\overrightarrow{AB}$、$\overrightarrow{BC}$、$\overrightarrow{CD}$（如图 22－81(1)），怎样作出$\overrightarrow{AB}+\overrightarrow{BC}+\overrightarrow{CD}$？

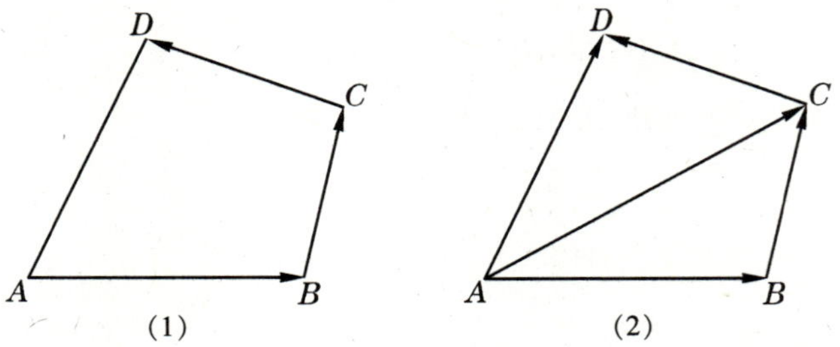

图 22－81

不妨按照从左到右的顺序进行运算. 如图 22－81(2)，作向量$\overrightarrow{AC}$，则$\overrightarrow{AC}=\overrightarrow{AB}+\overrightarrow{BC}$；

再作$\overrightarrow{AD}$，则$\overrightarrow{AD}=\overrightarrow{AC}+\overrightarrow{CD}=\overrightarrow{AB}+\overrightarrow{BC}+\overrightarrow{CD}$.

所以，$\overrightarrow{AB}+\overrightarrow{BC}+\overrightarrow{CD}=\overrightarrow{AC}+\overrightarrow{CD}=\overrightarrow{AD}$.

由此可见，当三个向量顺次首尾相接时，这三个向量相加所得的和是以第一个向量的起点为起点、第三个向量的终点为终点的向量. 如

$$\overrightarrow{AB}+\overrightarrow{BC}+\overrightarrow{CD}=\overrightarrow{AD}.$$

想一想

已知向量$\overrightarrow{CB}$、$\overrightarrow{BA}$、$\overrightarrow{AD}$，能直接写出$\overrightarrow{CB}+\overrightarrow{BA}+\overrightarrow{AD}$所得的和向量吗？

例题3 已知互不平行的向量 $\vec{a}$、$\vec{b}$、$\vec{c}$、$\vec{d}$(如图 22－82(1)),求作 $\vec{a}+\vec{b}+\vec{c}+\vec{d}$.

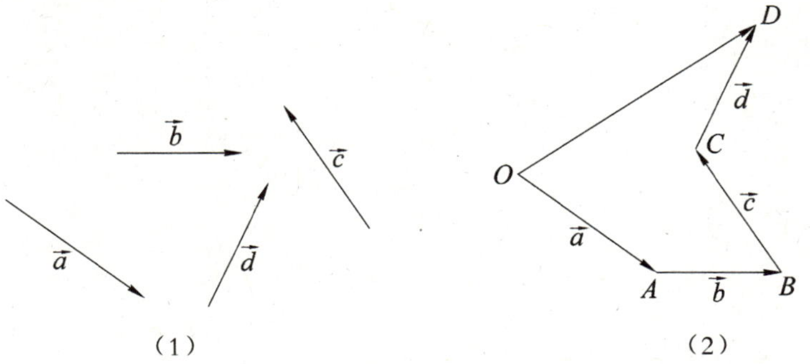

图 22－82

解 如图 22－81(2),在平面内任取一点 O,顺次作向量 $\overrightarrow{OA}=\vec{a}$,$\overrightarrow{AB}=\vec{b}$,$\overrightarrow{BC}=\vec{c}$,$\overrightarrow{CD}=\vec{d}$;再以 O 为起点、D 为终点作向量 $\overrightarrow{OD}$,则

$$\overrightarrow{OD}=\overrightarrow{OA}+\overrightarrow{AB}+\overrightarrow{BC}+\overrightarrow{CD}=\vec{a}+\vec{b}+\vec{c}+\vec{d}.$$

想一想

如果向量中,有互相平行的向量,如上同样画图求它们的和向量,上面的算式仍然成立吗?

一般地,几个向量相加,可把这几个向量顺次首尾相接,那么它们的和向量是以第一个向量的起点为起点、最后一个向量的终点为终点的向量. 这样的规定叫做几个向量相加的**多边形法则**.

例题4 如图 22－83(1),已知梯形 $ABCD$ 中,$AB /\!/ DC$,点 E 在 AB 上,$EC /\!/ AD$. 在图中指出下列几个向量的和向量:

(1) $\overrightarrow{AE}+\overrightarrow{EC}+\overrightarrow{CD}+\overrightarrow{BE}$;

(2) $\overrightarrow{AB}+\overrightarrow{BC}+\overrightarrow{CE}+\overrightarrow{AD}$.

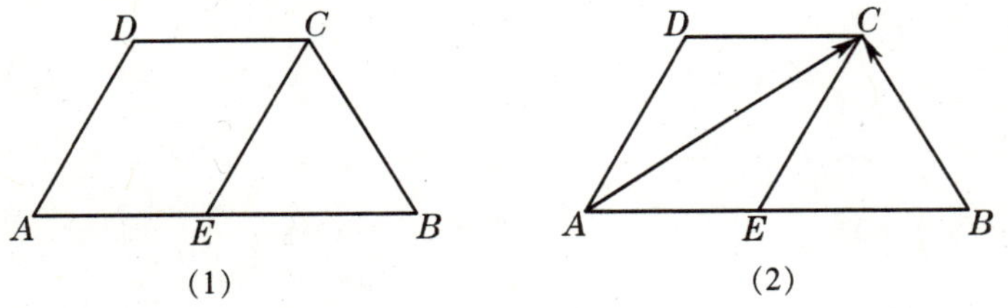

图 22－83

解 (1) 因为 $\overrightarrow{AE}+\overrightarrow{EC}+\overrightarrow{CD}=\overrightarrow{AD}=\overrightarrow{EC}$(为什么?),

所以 $\overrightarrow{AE}+\overrightarrow{EC}+\overrightarrow{CD}+\overrightarrow{BE}=\overrightarrow{EC}+\overrightarrow{BE}=\overrightarrow{BE}+\overrightarrow{EC}=\overrightarrow{BC}$.

$\overrightarrow{BC}$是图 22－83(2)中以 B 为起点、C 为终点的向量.

(2) 因为 $\overrightarrow{AB}+\overrightarrow{BC}+\overrightarrow{CE}=\overrightarrow{AE}$,$\overrightarrow{AD}=\overrightarrow{EC}$(为什么?),

所以 $\overrightarrow{AB}+\overrightarrow{BC}+\overrightarrow{CE}+\overrightarrow{AD}=\overrightarrow{AE}+\overrightarrow{EC}=\overrightarrow{AC}$.

$\overrightarrow{AC}$是图 22－83(2)中以 A 为起点、C 为终点的向量.

解例题 4 时,利用了已知图形以及平行四边形的性质,再根据几个向量相加的多边形法则,直接写出了“和向量”.

练习 22.8(2)

1. 如图，已知向量 $\vec{a}$、$\vec{b}$、$\vec{c}$、$\vec{d}$，求作 $\vec{a}+\vec{b}+\vec{c}+\vec{d}$.

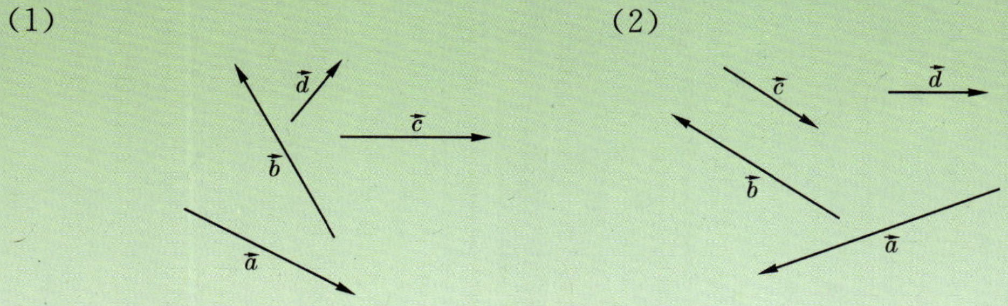

（第 1 题）

2. 如图，已知五边形 $ABCDE$，适当选用它的几条边（除 DC 外）作向量，把下列向量用所作的向量的关系式表示出来.

（1）$\overrightarrow{DC}$；（2）$\overrightarrow{BE}$.

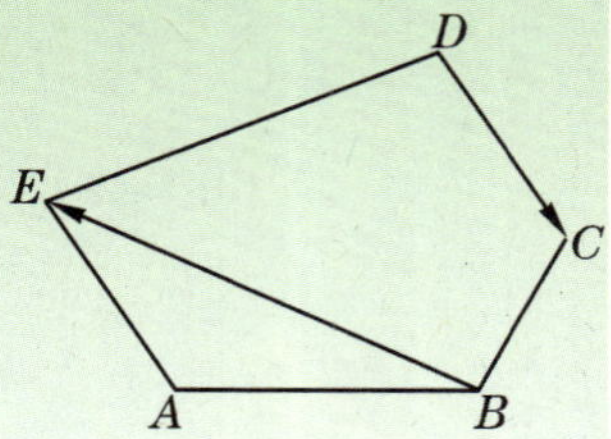

（第 2 题）

3. 填空：

（1）$\overrightarrow{AB}+\overrightarrow{BC}+\overrightarrow{CA}=$________，$\overrightarrow{AB}+\overrightarrow{BC}+\overrightarrow{BA}=$________；

（2）$\overrightarrow{AB}+\overrightarrow{BE}+\overrightarrow{ED}=$________，$\overrightarrow{AE}+\overrightarrow{FC}+\overrightarrow{EF}=$________；

（3）$\overrightarrow{AB}+\overrightarrow{BC}+\overrightarrow{CD}+\overrightarrow{DE}+\overrightarrow{EF}=$________.

22.9 平面向量的减法

在数的运算中，减法是指“已知两个数的和及其中一个数，求另一个数”的运算，即减法是加法的逆运算.

同样地，向量的加法也有逆运算. 已知两个向量的和及其中一个向量，求另一个向量的运算叫做**向量的减法**.

问题 1

已知向量 $\vec{a}$、$\vec{b}$（如图 22－84(1)），如果 $\vec{a}$ 是 $\vec{b}$ 与另一个向量 $\vec{x}$ 相加所得的和向量，即 $\vec{b}+\vec{x}=\vec{a}$，那么怎样求出向量 $\vec{x}$？

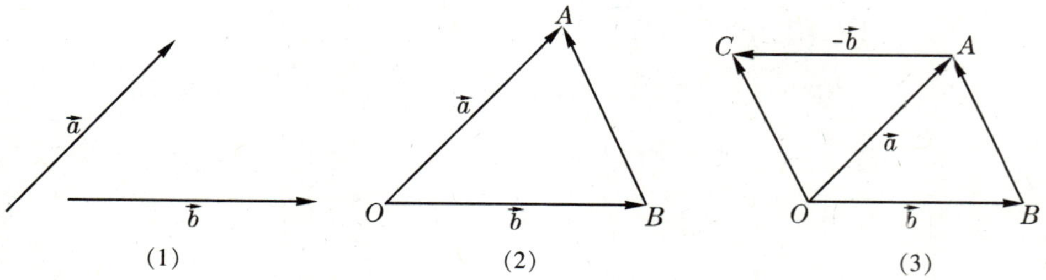

图 22－84

根据向量加法的三角形法则，两个向量的和向量与其中一个向量共起点.

于是，在平面内任取一点 O，作向量$\overrightarrow{OA}=\vec{a}$，$\overrightarrow{OB}=\vec{b}$；再作向量$\overrightarrow{BA}$(如图 22－84(2)). 可知$\overrightarrow{OB}+\overrightarrow{BA}=\overrightarrow{OA}$，即 $\vec{b}+\overrightarrow{BA}=\vec{a}$.

因此，所求的向量 $\vec{x}$ 与向量$\overrightarrow{BA}$相等.

如果$\vec{b}+\vec{x}=\vec{a}$，那么 $\vec{x}$ 叫做向量$\vec{a}$ 与$\vec{b}$ 的差向量，记作 $\vec{a}-\vec{b}$；这时，$\vec{a}$ 是被减向量，$\vec{b}$ 是减向量.

在问题 1 中，$\vec{a}-\vec{b}=\overrightarrow{OA}-\overrightarrow{OB}=\overrightarrow{BA}$. 由此可见，可用作图的方法来求两个向量的差向量.

在平面内任取一点，以这点为公共起点作出这两个向量，那么它们的差向量是以减向量的终点为起点、被减向量的终点为终点的向量.

特别地，可以其中一个向量的起点为起点作另一个向量.

如上作图求两个向量的差向量的规定叫做**向量减法的三角形法则**.

在图 22－84(2) 中，以 OB、BA 为邻边作平行四边形 $OBAC$，再作向量 AC 和 OC，如图 22－84(3). 由平行四边形的定义和性质，可得

$$\overrightarrow{AC}=-\overrightarrow{OB}=-\vec{b},\overrightarrow{OC}=\overrightarrow{BA}.$$

因为$\overrightarrow{OA}+\overrightarrow{AC}=\overrightarrow{OC}$，即

$$\vec{a}+(-\vec{b})=\overrightarrow{OC},$$

而 $\vec{a}-\vec{b}=\overrightarrow{BA}=\overrightarrow{OC}$，所以

$$\vec{a}-\vec{b}=\vec{a}+(-\vec{b}).$$

也就是说，**减去一个向量等于加上这个向量的相反向量.**

由此，向量的减法可转化为向量的加法.

例题1 如图 22－85，已知 AD 是$\triangle ABC$ 的中线，试用向量$\overrightarrow{AB}$、$\overrightarrow{AC}$、$\overrightarrow{AD}$表示向量$\overrightarrow{BD}$和$\overrightarrow{DC}$.

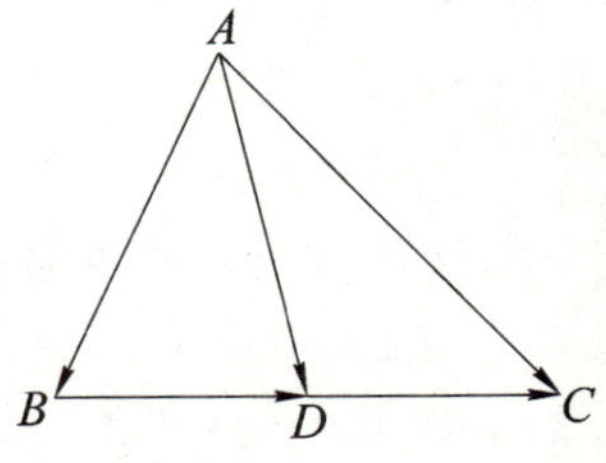

图 22－85

解 因为向量$\overrightarrow{BD}$的起点和终点分别是向量的$\overrightarrow{AB}$、$\overrightarrow{AD}$的终点，而$\overrightarrow{AB}$与$\overrightarrow{AD}$共起点，所以

$$\overrightarrow{BD}=\overrightarrow{AD}-\overrightarrow{AB}.$$

同理可得 $\overrightarrow{DC}=\overrightarrow{AC}-\overrightarrow{AD}.$

例题2 已知向量 $\vec{a}$、$\vec{b}$、$\vec{c}$(如图 22－86)，求作：

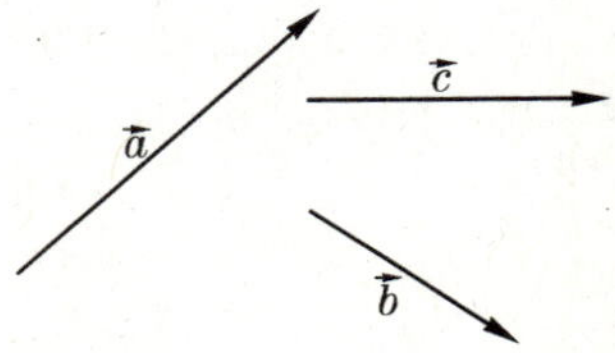

图 22－86

(1) $\vec{a}-\vec{b}+\vec{c}$；　　(2) $\vec{a}-\vec{b}-\vec{c}$.

解 (1) 按照从左到右的顺序进行运算，可知

$$\vec{a}-\vec{b}+\vec{c}=(\vec{a}-\vec{b})+\vec{c}.$$

如图 22－87(1)，在平面内如取一点 O，作向量$\overrightarrow{OA}=\vec{a}$，作向量$\overrightarrow{OB}=\vec{b}$，得

$$\vec{a}-\vec{b}=\overrightarrow{BA}.$$

再作向量$\overrightarrow{AC}=\vec{c}$，然后作向量$\overrightarrow{BC}$，则

$$\overrightarrow{BC}=\overrightarrow{BA}+\overrightarrow{AC}=(\vec{a}-\vec{b})+\vec{c}=\vec{a}-\vec{b}+\vec{c}.$$

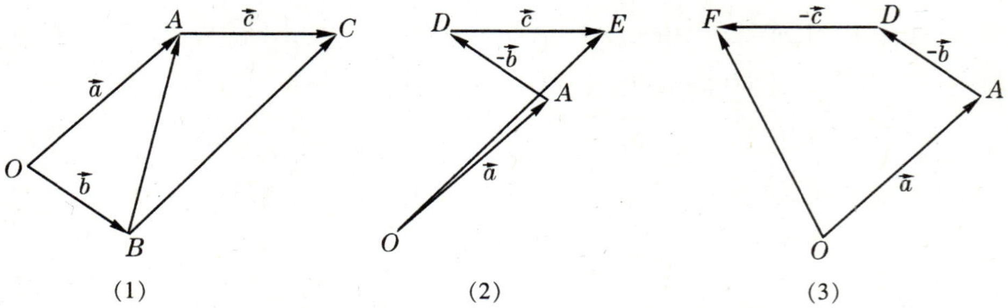

图 22－87

几个向量相加减通常转化为几个向量相加，再运用多边形法则作图.

第(1)题也可以这样解：把向量的减法转化为加法，可知

$$\vec{a}-\vec{b}+\vec{c}=\vec{a}+(-\vec{b})+\vec{c}.$$

根据向量加法的多边形法则，如图 22－87(2)，在平面内如取一点 O，顺次作向量$\overrightarrow{OA}=\vec{a}$，$\overrightarrow{AD}=-\vec{b}$，$\overrightarrow{DE}=\vec{c}$；再作向量$\overrightarrow{OE}$，则

$$\overrightarrow{OE}=\overrightarrow{OA}+\overrightarrow{AD}+\overrightarrow{DE}=\vec{a}+(-\vec{b})+\vec{c}=\vec{a}-\vec{b}+\vec{c}.$$

(2) $\vec{a}-\vec{b}-\vec{c}=\vec{a}+(-\vec{b})+(-\vec{c})$.

如图 22－87(3)，在平面内取一点 O，顺次作向量$\overrightarrow{OA}=\vec{a}$，$\overrightarrow{AD}=-\vec{b}$，$\overrightarrow{DF}=-\vec{c}$；再作向量$\overrightarrow{OF}$，则

$$\overrightarrow{OF}=\overrightarrow{OA}+\overrightarrow{AD}+\overrightarrow{DF}=\vec{a}+(-\vec{b})+(-\vec{c})=\vec{a}-\vec{b}-\vec{c}.$$

练习 22.9(1)

1. 如图，已知向量 $\vec{a}$、$\vec{b}$，求作 $\vec{a}-\vec{b}$.

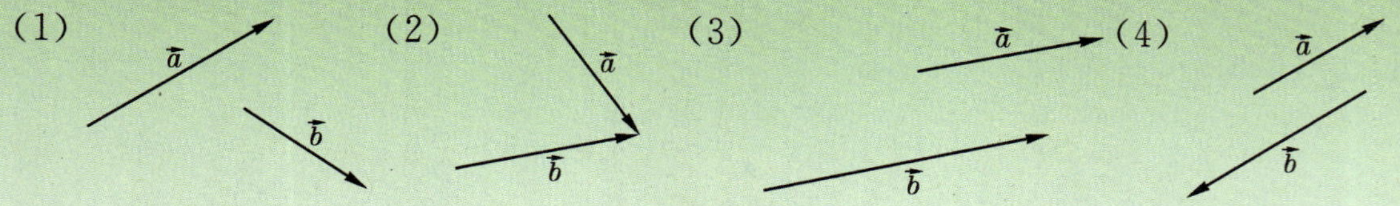

2. 如图，已知向量 $\vec{a}$、$\vec{b}$、$\vec{c}$、$\vec{d}$，求作 $\vec{a}-\vec{b}-\vec{c}+\vec{d}$.

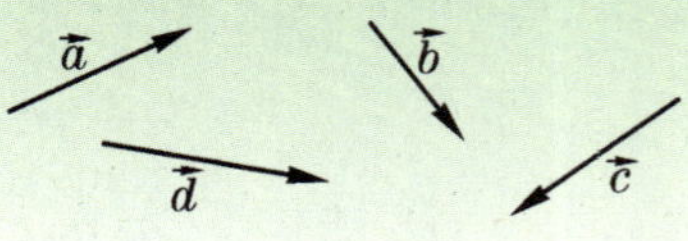

(第 2 题)

3. 填空：

(1) $\overrightarrow{AB}-\overrightarrow{AC}+\overrightarrow{BC}=$__________；

(2) $\overrightarrow{OA}+\overrightarrow{BC}-\overrightarrow{OC}=$__________.

例题3 如图 22－88，已知平行四边形 $OACB$，设$\overrightarrow{OA}=\vec{a}$，$\overrightarrow{OB}=\vec{b}$，试用向量 $\vec{a}$、$\vec{b}$ 表示下列向量：

(1) $\overrightarrow{OC}$；　　　　(2) $\overrightarrow{AB}$.

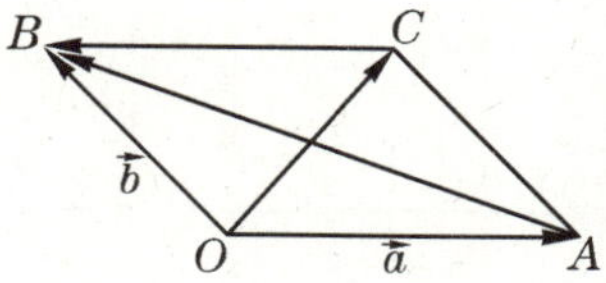

图 22－88

解 (1) 根据平行四边形的定义和性质，可知$\overrightarrow{AC}=\overrightarrow{OB}=\vec{b}$，所以

$$\overrightarrow{OC}=\overrightarrow{OA}+\overrightarrow{AC}=\vec{a}+\vec{b}.$$

(2) 因为向量$\overrightarrow{OA}$与$\overrightarrow{OB}$共起点，向量$\overrightarrow{AB}$以向量$\overrightarrow{OA}$的终点为起点、以向量$\overrightarrow{OB}$的终点为终点，所以

$$\overrightarrow{AB}=\overrightarrow{OB}-\overrightarrow{OA}=\vec{b}-\vec{a}.$$

由例题 2(1)可以看到，如果 $\vec{a}$、$\vec{b}$ 是两个不平行的向量，那么求它们的和向量时，可以在平面内任取一点为公共起点，作两个向量分别与 $\vec{a}$、$\vec{b}$ 相等；再以这两个向量为邻边作平行四边形；然后以所取的公共起点为起点，作这个平行四边形的对角线向量，则这一对角线向量就是 $\vec{a}$ 与 $\vec{b}$ 的和向量.

在平面内所取这点可以是已知一个向量的起点.

上述规定叫做**向量加法的平行四边形法则**.

在如上所作的平行四边形中，以另一条对角线作向量，可使这一对角线向量是这两个向量的差向量，这个差向量与被减向量共终点.

例题4 如图 22－89(1)，已知向量 $\vec{a}$、$\vec{b}$，用向量加法的平行四边形法则作向量 $\vec{a}+\vec{b}$，再作出向量 $\vec{a}-\vec{b}$.

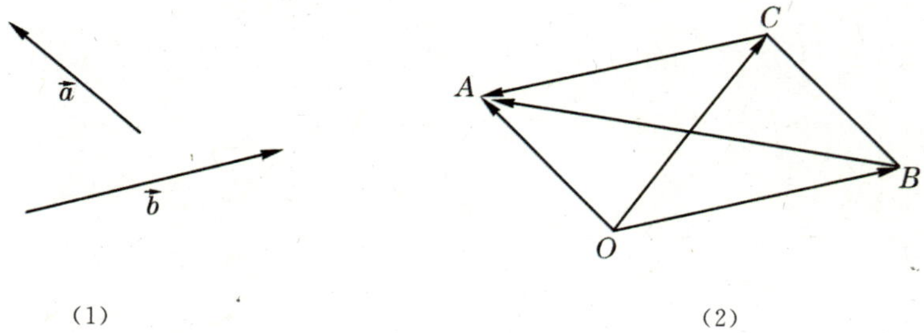

图 22－89

作法 1. 在平面内取一点 O，作$\overrightarrow{OA}=\vec{a}$，$\overrightarrow{OB}=\vec{b}$；

2. 以 OA、OB 为邻边，作▱$OBCA$；

3. 分别作向量$\overrightarrow{OC}$、$\overrightarrow{BA}$.

则$\overrightarrow{OC}=\vec{a}+\vec{b}$，$\overrightarrow{BA}=\vec{a}-\vec{b}$.（如图 22－89(2)所示）

例题5 在一段宽阔的河道中，河水以 40 米/分的速度向东流去. 一艘小艇顺流航行到 A 处，然后沿着北偏东 $10°$方向以 12 千米/时的速度驶往北岸，请用作图方法指出小艇实际航行的方向.

小艇从 A 处开始，按照“北偏东 $10°$”的方向航行，航速 12 千米/时，即 200 米/分. 小艇同时又受到向东流动的河水的影响，所以实际航行的方向会偏离原定的航向.

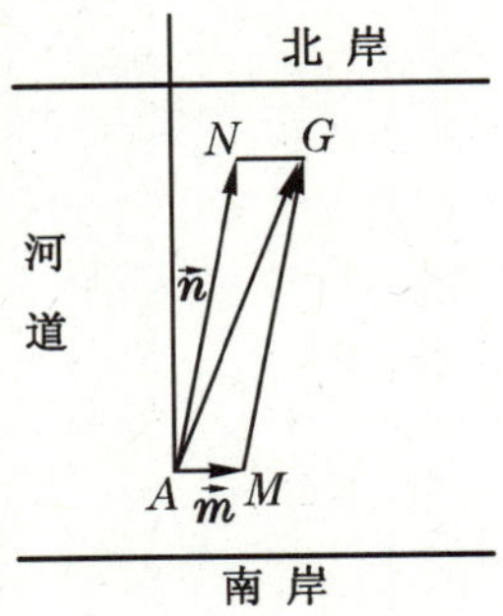

图 22－90

分析 从 A 处开始，经过 1 分钟的时间，河水的运动可用向量 $\vec{m}$："向东，40 米"来表示，小艇的运动可用向量 $\vec{n}$："北偏东 10°，200 米"来表示. 小艇实际航行的运动可用向量 $\vec{m}$ 与 $\vec{n}$ 的和向量表示.

解 设向量 $\vec{m}$ 为"向东，40 米"，向量 $\vec{n}$ 为"北偏东 10°，200 米". 可知 $|\vec{n}|=5|\vec{m}|$，于是取 $|\vec{m}|$ 为单位长.

如图 22－90 所示，作向量 $\overrightarrow{AM}=\vec{m}$，向量 $\overrightarrow{AN}=\vec{n}$；再作平行四边形 $AMGN$，然后作向量 $\overrightarrow{AG}$. 则向量 $\overrightarrow{AG}$ 的指向就是小艇实际航行的方向.

练习 22.9(2)

1. 如图，已知向量 $\vec{a}$、$\vec{b}$，用向量加法的平行四边形法则求作 $\vec{a}+\vec{b}$，再作出向量 $\vec{a}-\vec{b}$.

(1)

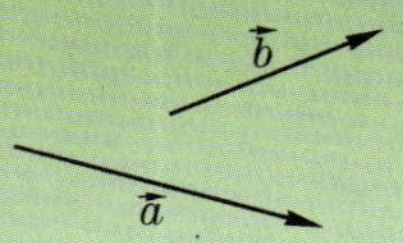

(2)

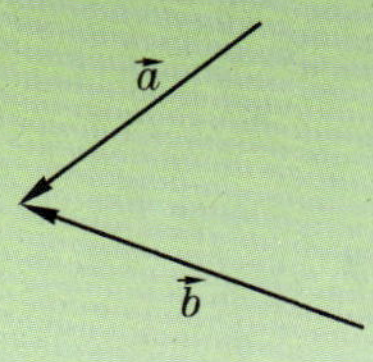

2. 如图，已知平行四边形 $ABCD$，对角线 AC 与 BD 相交于点 O. 设 $\overrightarrow{OA}=\vec{a}$，$\overrightarrow{OB}=\vec{b}$，试用 $\vec{a}$、$\vec{b}$ 表示下列向量：

$\overrightarrow{OC}$，$\overrightarrow{OD}$，$\overrightarrow{AB}$，$\overrightarrow{BC}$，$\overrightarrow{CD}$，$\overrightarrow{DA}$.

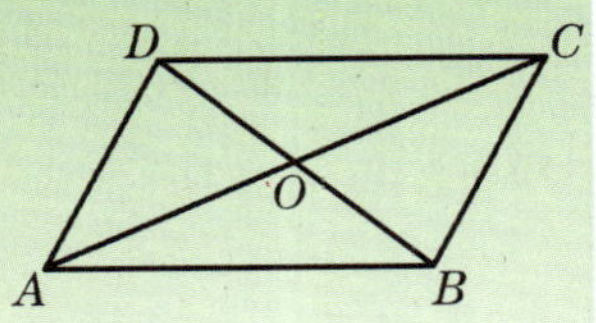

（第 2 题）

3. 在平行四边形 $ABCD$ 中，设 $\overrightarrow{AD}=\vec{a}$，$\overrightarrow{AB}=\vec{b}$.

(1) 试用 $\vec{a}$、$\vec{b}$ 表示向量 $\overrightarrow{AC}$，$\overrightarrow{CA}$，$\overrightarrow{BD}$，$\overrightarrow{DB}$；

(2) 在实数运算中，$-(a+b)=-a-b$，$-(a-b)=-a+b$. 在向量运算中，有类似的等式吗？

22

本章小结

我们在本章学习了多边形的有关概念，着重研究了平行四边形和梯形这两类特殊的四边形. 在平行四边形中，导出了平行四边形的性质定理和判定定理，再对矩形、菱形以及正方形进行了研究；在梯形中，主要研究了等腰梯形的性质和判定. 我们还学习了向量的初步知识，知道向量的概念以及向量的加法和减法.

平行四边形的定义、性质和判定是本章的核心内容；矩形、菱形以及正方形都有特殊的性质和判定方法. 等腰梯形的性质定理、三角形中位线定理等的推导，是以平行四边形的有关定理为依据的，是平行四边形知识的运用；向量的加法及其交换律的推导，也用到了平行四边形的知识. 平行四边形的有关定理，还是证明两条线段相等、两个角相等、两条直线平行或垂直的重要依据.

在研究四边形的过程中，采用了从一般图形到特殊图形的研究方法，以特殊的、也是常见的图形为研究重点. 在研究有关图形的性质时，重视从直观感知到演绎推理，注重推理证明；对有关判定定理的条件探究，注意从相关性质定理的逆命题进行分析，强调理性思维. 通过本章的学习，我们可以进一步体会到，直观经验是几何的基础，演绎证明是几何的支柱，几何知识之间联系紧密，有严格的逻辑结构；体会到运用逻辑推理的方法才能认识图形的本质，抓住事物的本质特征才能把握它们之间的联系和区别.

本章知识结构图如下：

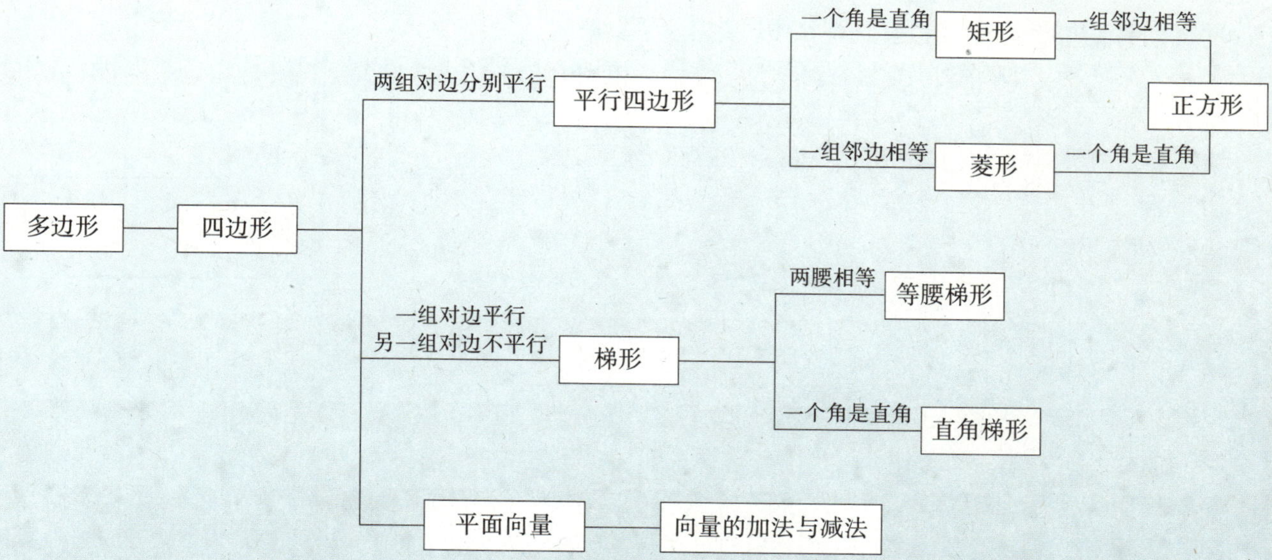

阅读材料

用向量方法证明几何问题

通过前面的论证几何学习，我们对演绎证明已有一定的认识. 例如，关于平行四边形性质定理 1 的推导，是从已知一个四边形是平行四边形的条件出发，利用“平行四边形的定义”、“平行线的性质”、“全等三角形”等知识，通过逻辑推理，得到“平行四边形的对边相等”的结论；随后，性质定理 1 就成为进一步推理的依据. 一般地，演绎证明的过程，就是从已知的条件出发，利用相关的定义、公理、定理，按照一定的逻辑规则，推导出某结论为正确的过程. 这是从几何条件到几何结论的逻辑推理，而且解决不同的问题通常有不同的途径和方法，含有较强的思辨性和一定的技巧性. 学习演绎证明，对于学习者的逻辑思维能力发展和思维品质的提高大有裨益.

我们在本章学习了向量的最基本的知识，一方面看到了向量类似于“数”，它可以进行运算，并且满足某些运算律，具有“代数”的特征；另一方面又看到向量有“形”，它可以用有向线段表示，向量的运算可以采用画图的方法，具有“几何”的形态. 由于向量有运算系统，并且与几何图形有密切联系，因此它能为几何证明提供新的途径. 我们先看两个例子，然后慢慢体会.

例题1 已知：四边形 $ABCD$ 中，AC 与 BD 交于点 O，$AO=OC$，$DO=OB$.

求证：四边形 $ABCD$ 是平行四边形.

分析 这个问题是关于平行四边形判定定理 3 的证明. 要推得结论正确，只要推出四边形 $ABCD$ 中有 “一组对边平行且相等”.

如果我们如图 22－91 作向量$\overrightarrow{AO}$、$\overrightarrow{OC}$、$\overrightarrow{DO}$、$\overrightarrow{OB}$，那么根据已知条件，可知

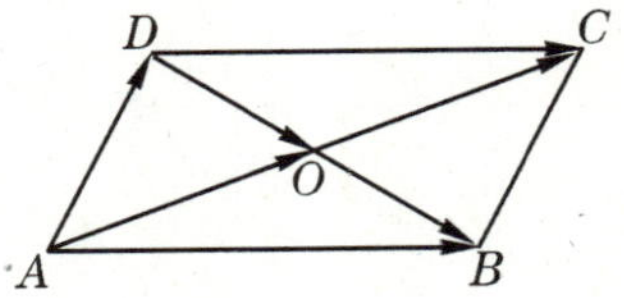

图 22－91

$$\overrightarrow{AO}=\overrightarrow{OC}，\overrightarrow{DO}=\overrightarrow{OB}.$$

由向量的加法运算，可得

$$\overrightarrow{AO}+\overrightarrow{OB}=\overrightarrow{AB}，\overrightarrow{DO}+\overrightarrow{OC}=\overrightarrow{DC}.$$

再利用等量代换，得

$$\overrightarrow{AB}=\overrightarrow{DC}.$$

然后根据两个向量相等的意义，可知

$$AB /\!/ DC，且\ AB=DC.$$

证明 作向量$\overrightarrow{AO}$、$\overrightarrow{OC}$、$\overrightarrow{DO}$、$\overrightarrow{OB}$.

∵ $AO=OC$，$DO=OB$，

又　$\overrightarrow{AO}$与$\overrightarrow{OC}$同向，$\overrightarrow{DO}$与$\overrightarrow{OB}$同向，

∴　$\overrightarrow{AO}=\overrightarrow{OC}$，$\overrightarrow{DO}=\overrightarrow{OB}$.

∵　$\overrightarrow{AO}+\overrightarrow{OB}=\overrightarrow{AB}$，$\overrightarrow{DO}+\overrightarrow{OC}=\overrightarrow{DC}$，

∴　$\overrightarrow{AB}=\overrightarrow{DC}$，

得　$AB/\!/DC$，且 $AB=DC$.

∴　四边形 $ABCD$ 是平行四边形.

在上面的证明过程中，没有通过两个三角形全等和利用平行线的判定来推导 $AB/\!/DC$ 且 $AB=DC$，而是运用向量及其加法运算来获得结论，这就是用向量方法进行几何证明.

例题2　已知：如图 22－92，四边形 $ABCD$ 是平行四边形，点 E、F 在对角线 BD 所在的直线上，$BE=DF$.

求证：四边形 $AECF$ 是平行四边形.

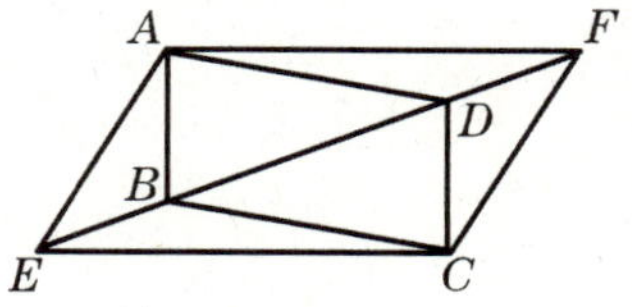

图 22－92

证明　作向量$\overrightarrow{AB}$、$\overrightarrow{BE}$、$\overrightarrow{AE}$和$\overrightarrow{DC}$、$\overrightarrow{FD}$、$\overrightarrow{FC}$.

∵　$ABCD$ 是平行四边形，

∴　$AB/\!/DC$，$AB=DC$，

得　$\overrightarrow{AB}=\overrightarrow{DC}$.

∵　BE 与 FD 在一直线上，$BE=FD$，

∴　$\overrightarrow{BE}=\overrightarrow{FD}$.

∵　$\overrightarrow{AB}+\overrightarrow{BE}=\overrightarrow{AE}$，$\overrightarrow{FD}+\overrightarrow{DC}=\overrightarrow{FC}$，

∴　$\overrightarrow{AE}=\overrightarrow{FC}$，

得　$AE/\!/FC$，$AE=FC$.

∴　四边形 $AECF$ 是平行四边形.

我们采用向量方法证明了例 2 的结论正确. 如果采用演绎推理方法来证明，那么要先证明两个三角形全等，还要利用平行线的判定定理.

用向量方法证明几何题与用演绎推理方法证明几何题，它们的证明过程有明显的不同：

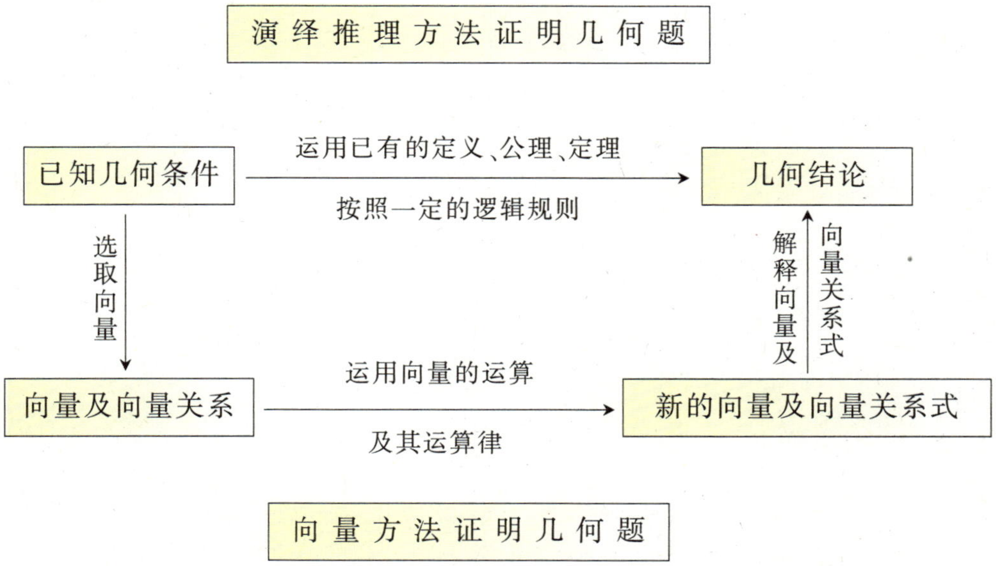

用向量方法证明几何题，要适当选取向量；正确进行向量运算；恰当解释运算结果. 其基本过程是向量的运用，关键是进行几何关系与向量关系式之间的转化. 而且，它有一定的程式，基本依据是向量的运算及其运算律，思路简明.

如果你对用向量方法证明几何题有兴趣，那么还要进一步学习向量的其他运算. 当然，向量的运用还有很多，证明几何题只是牛刀小试.

Gailü Chubu

23 第二十三章 概率初步

“汽车的车窗玻璃破碎”，这件事可能发生也可能不发生。保险公司对投保“车窗玻璃”的车主收取一定的保险费，如果在保险期内该车的车窗玻璃破碎，那么保险公司将按合同规定向车主赔款.

保险公司经营这项业务当然希望获利，这就要合理制定收取保险费与损失赔款的合同.因此，要考虑发生“汽车的车窗玻璃破碎”这件事的可能性有多大.

在我们的生活中，类似这样可能发生也可能不发生的事件很多，而对事件发生的可能性大小总会引起人们的关心. 于是，“概率”走进了人们的生活.例如，某日天气预报说“上海明天降水概率80%”；某种彩票发行时宣称“获奖概率千分之一”等.

我们在本章将学习概率的初步知识.了解“概率”的含义，具有“概率”的意识，可以说是日常生活的需要.还要看到，社会生活中，充满了机会，也隐伏着风险，如何把握机会、应对风险，更需要进一步学习和掌握概率知识.

Shijian jiqi Fasheng De Kenengxing

第一节　事件及其发生的可能性

23.1　确定事件和随机事件

我们曾经讨论过，“从一副没有大、小王的扑克牌中任意取出一张牌，这张牌的花色是红桃”，这种现象可能出现也可能不出现．还可以看到，在这副牌中，“取出的这张牌是大王”肯定不会出现，“取出的这张牌不是大王”肯定会出现．

再看一看，下列现象会不会出现：

(1)　上海明天会下雨；

(2)　将要过马路时恰好遇到红灯；

(3)　室温低于－5℃时，盆内的水结成了冰．

(4)　有人把石头孵成了小鸡．

上面列举的现象中，(1)和(2)可能出现也可能不出现；(3)必定出现；(4)必定不出现．

在一定条件下必定出现的现象叫做**必然事件**(certain event)，例如上述现象(3)．

在一定条件下必定不出现的现象叫做**不可能事件**(impossible event)，例如上述现象(4)．

必然事件和不可能事件统称为**确定事件**．

那些在一定条件下可能出现也可能不出现的现象叫做**随机事件**(random event)，也称为**不确定事件**，例如上述现象(1)和(2)．

试分别举几个在现实生活中必定出现、必定不出现、不一定出现的现象．

例题1　判断下列事件中，哪些是必然事件，哪些是不可能事件，哪些是随机事件：

(1)　从地面往上抛出的篮球会落下；

(2)　软木塞沉在水底；

(3)　买一张彩票中大奖；

(4)　抛掷一枚硬币，落地后正面朝上．

规定硬币有数字的一面为正面，另一面为反面．

解　(1)　由于重力的作用，“从地面往上抛出的篮球会落下”是必然事件．

(2)　软木塞的密度比水小，不可能沉在水底，所以“软木塞沉在水底”是不可能事件．

(3)　买一张彩票中大奖虽然可能性很小，但确有可能发生，所以“买一张彩票中大奖”是随机事件．

(4)　抛掷一枚硬币，落地后正、反面都有可能朝上，所以“抛掷一枚硬币，落地后正面朝上”是随机事件．

例题2 下列事件中，哪些是必然事件？哪些是不可能事件？哪些是随机事件？

（1）方程 $x^2+1=0$ 在实数范围内有解；

（2）从长度分别为 15 cm、20 cm、30 cm、40 cm 的 4 根小木条中，任取 3 根为边拼成一个三角形；

（3）在十进制中 $1+1=2$；

（4）两个非零实数的积为正.

解 （1）一元二次方程 $x^2+1=0$ 的判别式小于零，所以这是不可能事件.

（2）从给定的 4 根木条中任取 3 根木条为边拼三角形，有时能拼成，有时不能拼成，所以这是随机事件.

（3）在十进制中，"$1+1$"一定等于 2，所以这是必然事件.

（4）同号两数相乘其积为正；异号两数相乘其积为负. 所以这是随机事件.

一个事件中描述的现象"出现"，就说这个事件"发生". 一个确定事件是发生还是不发生，答案是确定的；而一个随机事件是发生还是不发生，具有不确定性.

议一议

甲乙两支足球队实力相当. 赛前有人说比赛结果是 1∶0，甲队胜. 这是哪一类事件？

练习 23.1

1. 指出下列事件中，哪些是必然事件，哪些是不可能事件，哪些是随机事件：

（1）在一副扑克牌中任意抽 10 张牌，其中有 5 张 A；

（2）拨打电话给同学时正好遇到忙音；

（3）马路上接连驶过的两辆汽车，它们的牌照尾数都是奇数；

（4）10 只鸟关在 3 个笼子里，至少有一个笼子关的鸟超过 3 只.

2. 将下列事件分类（选填"必然事件"、"不可能事件"或"随机事件"）：

（1）掷一枚骰子，点数为 4 的一面朝上；（　　　　　　　）

（2）蜡烛在没有氧气的瓶中燃烧；（　　　　　　　）

（3）平面上任何一个三角形的三个内角和都是 180°；（　　　　　　　）

（4）明天太阳从西边出来.（　　　　　　　）

3. 布袋中有大小一样的 3 个白球、2 个黑球，从袋中任意摸出 1 个球. 判断下列事件是什么事件：

（1）摸出的是白球或黑球；　　（2）摸出的是黑球；

（3）摸出的是白球；　　（4）摸出的是红球.

23.2 事件发生的可能性

路口的交通信号灯有红、绿、黄三种颜色，随意经过路口时，遇到某种颜色的信号灯是不确定的.

问题

某路口的交通信号灯的时间设置为：红灯 30 秒，绿灯 50 秒，黄灯 3 秒. 某人随意经过这一路口时，遇到哪种颜色的信号灯的可能性最大？遇到哪种颜色的信号灯的可能性最小？

这是通过比较各种结果发生所占有的时间长短来判断的. 一般来说，随机事件发生的可能性大小，要经过大数次的试验来确定.

某人随意经过这一路口时，正好遇到某种颜色的信号灯，是随机事件. 因为绿灯持续的时间最长，黄灯持续的时间最短，所以遇到绿灯的可能性最大，遇到黄灯的可能性最小.

例题1 木盒中装有 10 个红球、3 个黄球和 1 个白球，这些球只是颜色不同. 从木盒中任意摸出 1 个球，试比较下列事件发生的可能性大小，并按可能性从大到小的顺序把它们排列出来：

(1) 摸出 1 个黄球； (2) 摸出 1 个白球；

(3) 摸出 1 个绿球； (4) 摸出 1 个红球；

(5) 摸出 1 个球的颜色是红色或黄色或白色.

解 任意摸出的那个球是什么颜色，与盒中装有这种颜色的球的个数有关. 如果用 P_1、P_2、P_3、P_4、P_5 分别表示事件(1)、(2)、(3)、(4)、(5)发生的可能性大小，那么把它们从大到小排列的顺序是：

$$P_5, P_4, P_1, P_2, P_3.$$

各种事件发生的可能性有大有小，可用普通词语来表述. 如上述事件中，事件(5)是必然事件，事件(3)是不可能事件，就分别说它们发生的可能性为“必然”、“不可能”；事件(1)、(2)、(4)是随机事件，通过盒中装有这种颜色的球的个数进行分析，就说事件(4)“很有可能”发生；事件(2)“不太可能”发生；而事件(1)“有可能”发生.

例题2 比较下列事件发生的可能性大小，并将它们按可能性从小到大的顺序排列：

(1) 买一张发行量很大的彩票恰好中五百万大奖；

(2) 连续雨天中间的一天，在路上遇到撑伞的行人；

(3) 抛掷一枚硬币，落地后反面朝上.

解 用 P_1、P_2、P_3 分别表示事件(1)、(2)、(3)发生的可能性大小.

根据生活经验，可知事件(1)发生的可能性很小，而事件(2)发生的可能性很大，事件(3)发生与不发生的可能性一样大. 所以，它们发生的可能性按从小到大的顺序排列是：

$$P_1, P_3, P_2.$$

练习 23.2

1. 你认为下列事件中，哪些是“不太可能”发生的事件？哪些是“很有可能”发生的事件？

(1) 一场足球比赛的比分为 11∶0；

(2) 云层又黑又低时就会下雨；

(3) 刚买回来的新彩电没有图像；

(4) 在大城市上下班高峰时段车辆拥堵.

2. 用 P_1、P_2 表示上题中事件(1)、(2)发生的可能性大小，P_1 与 P_2 哪个大？

3. 举几个生活中的例子，指出哪些随机事件发生的可能性较大，哪些随机事件发生的可能性较小，试说明原因.

第二节　事件的概率

23.3　事件的概率

> 用怎样的数字来表示事件发生的可能性，必须合理地规定，以满足实际需要.

通过上一节对例题1、2中各事件发生的可能性的讨论，我们知道这些事件发生的可能性有大有小，其大小的不同可以用词语来描述，但总感到不够确切. 如果用数字来表示事件发生的可能性，那么利用数字的大小来描述事件发生的可能性大小，就十分明了.

问题1

"上海地区明天降水"，这是一个随机事件. 天气预报"上海地区明天降水概率80%"，它的含义是什么？

天气预报是根据已有的气象资料和经验，对天气情况作出的判断. 预报"上海地区明天降水概率80%"，就是说上海地区明天降水有"80%的可能".

如果预报"上海地区明天很有可能降水"，当然也可以知道"上海地区明天降水"这个事件很有可能发生，但是用"80%"这一数字，就把"很有可能"的程度明确地表示出来了. 通常，如70%、80%或90%等的可能，都是"很有可能"，但还是有大小的差异.

> 用什么数作为某个随机事件的概率，要通过对事件进行具体研究来确定. 在研究中也可以看到，这个数字大于0且小于1.

用来表示某事件发生的可能性大小的数叫做这个事件的**概率**(probability).

不可能事件必定不发生，规定用"0"作为不可能事件的概率；而必然事件必定发生，就规定用"1"作为必然事件的概率. 这样，随机事件的概率，就是大于0且小于1的一个数，通常可以写成纯小数、小于1的百分数或真分数.

必然事件、不可能事件和随机事件的概率的取值情况，用线段图表示如下(如图23－1)：

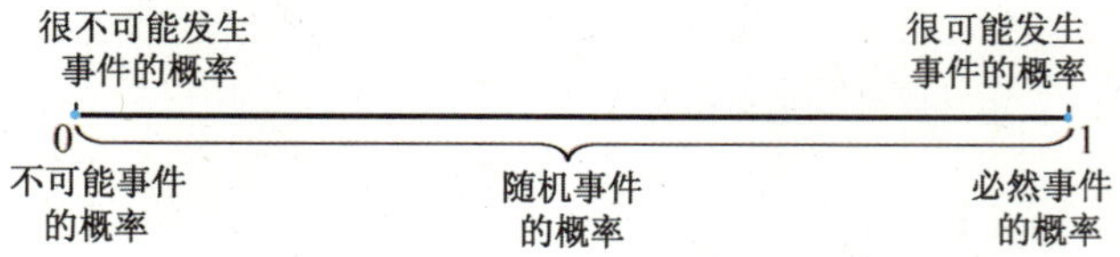

图23－1

> 例如，"当田螺里有寄生虫时，生吃田螺会得寄生虫病"是"很可能发生的事件"；"买一张彩票中大奖"是"小概率事件".

很不可能发生的事件是指概率接近0的事件(即小概率事件)；很可能发生的事件是指概率接近1的事件.

为了叙述的方便，我们可用大写的英文字母来表示事件，如事件A、事件B、……等；事件A的概率，记作$P(A)$.

如果用 V 表示不可能事件，U 表示必然事件，那么

$$P(V)=0, P(U)=1.$$

对于随机事件 A，可知

$$0<P(A)<1.$$

一个随机事件发生的可能性大小，一般是通过观察在相同条件下进行的大数次试验，统计试验的结果，从中找到规律，从而对事件的概率作出估计.

问题2

在一副扑克牌中取红桃、梅花、方块各一张牌混合放在一起. 从中任意摸出一张牌，“恰好摸到红桃”的概率是多少？

这是一个随机事件. 任意摸牌一次，是一次试验，试验的结果有三种，即摸到红桃、摸到梅花或摸到方块. 每次把摸出的牌放回再洗匀，反复进行这样的试验.

操作

全班同学进行上述摸牌试验.

(1) 每人摸牌一次，看一看摸到的是哪种牌.

(2) 统计：

全班同学总共摸牌__________次；

填下表：

统计项目	红桃	梅花	方块
摸到某种花色的次数			
$\dfrac{\text{摸到某种花色的次数}}{\text{总共摸牌的次数}}$	____	____	____

事件的概率是一个确定的常数；而频率是不确定的，与试验次数的多少有关.

用频率估计概率，得到的只是近似值. 为了得到概率的可靠的估计值，试验的次数要足够大.

在上面的摸牌试验中，我们把总共摸牌的次数称为“试验总次数”，摸到红桃的次数称为这一事件发生的“频数”，把频数与试验总次数(即摸到红桃的次数与总共摸牌的次数)的比值称为“恰好摸到红桃”这一事件发生的“频率”.

我们通常把某事件在大数次试验中发生的频率，作为这个事件的概率的估计值.

议一议

在摸牌试验中，“恰好摸到红桃”这一事件发生的频率接近 $\dfrac{1}{3}$ 吗？如果增加试验的次数呢？

历史上统计学家曾多次做过抛掷一枚均匀硬币的试验，得出

以下数据：

试验者	试验次数 n	出现正面的次数 k	出现正面的频率 $\frac{k}{n}$
布丰	4 040	2 048	0.506 9
德·摩根	4 092	2 048	0.500 5
费勒	10 000	4 979	0.497 9
皮尔逊	12 000	6 019	0.501 6
皮尔逊	24 000	12 012	0.500 5

概率揭示了随机事件发生的规律，而这种规律是通过大量的随机试验去发现的，与确定性事件的规律不一样.

从上表同样可以看到，当抛掷次数增多时，频率稳定在 0.5 附近. 因此，就用 0.5 表示抛掷一枚均匀硬币出现正面的概率.

练习 23.3(1)

1. 写出下列事件的概率（若是很可能发生的事件，填“接近 1”；若是小概率事件，填“接近 0”）：
   (1) 用 A 表示“上海天天是晴天”，则 $P(A)$________；
   (2) 用 B 表示“新买的圆珠笔写得出字”，则 $P(B)$________；
   (3) 用 C 表示“坐火车出行，遭遇出轨”，则 $P(C)$________；
   (4) 用 D 表示“当 m 是正整数时，$2m$ 是偶数”，则 $P(D)$________.
2. 全班同学一起做摸球试验，布袋里的球除了有红白两种颜色外其他都一样. 每次从布袋里摸出一个球，记下颜色后放回摇匀. 一共摸了 200 次，其中 131 次摸出红球，69 次摸出白球. 如果布袋里有 3 个球，请你估计布袋里红球和白球的个数.
3. 如图，一枚匀质的陆战棋棋子，各棱长的大小关系是 $a>b>c$，用 A、B、C 分别代表字母所在的面及其相对的一面. 通过抛掷棋子的试验，比较 A、B、C 朝上各事件的概率的大小.

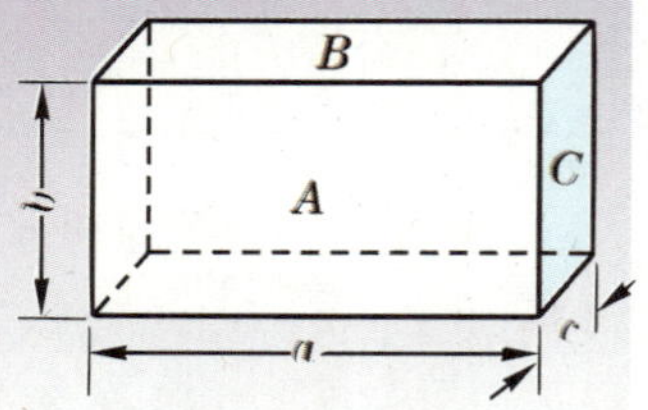

（第 3 题）

在问题 2 的摸牌试验中，任意一次试验可能的结果只有三种，即摸出红桃、摸出梅花或摸出方块. 这三种结果出现的机会均等，而且一次试验中不会同时出现两种结果.

如果一项可以反复进行的试验具有以下特点：

(1) 试验的结果是有限个，各种结果可能出现的机会是均等的；

(2) 任何两个结果不可能同时出现，

那么这样的的试验叫做**等可能试验**.

问题3

掷一枚材质均匀的骰子，看结果是哪一点朝上. 这个试验是等可能试验吗？

分析

在掷一枚骰子的试验中，所有可能出现的结果只有 6 种：点数分别为 1,2,3,4,5,6；由于骰子的材质均匀，随手掷出骰子，可以认为各种结果出现的机会均等，且一次试验只有一个结果出现. 所以，这个试验是等可能试验.

骰子为正方体，它的六个面上分别有 1 点、2 点、…、6 点的标记. 掷骰子出现几点，指骰子落地后朝上一面的点数.

进一步分析这个试验. 如果一个事件是"掷一枚骰子，出现的点数是 1、2、3、4、5、6 中的一个"，那么这个事件是必然事件，记作 U，则 $P(U)=1$.

如果事件 A 是"掷得某个点数"，设这个事件的概率为 $P(A)$，那么由等可能试验的意义可知，"掷得其他某一个点数"的事件的概率都等于 $P(A)$. 所有这样的不同事件共有 6 个，而在一次试验中只有其中一个事件发生，所以

$$6P(A)=1,$$

得 $P(A)=\frac{1}{6}$.

如果事件 B 是"掷得奇数点"，即出现"1 点"、"3 点"或"5 点"，那么 $P(B)=3\times\frac{1}{6}=\frac{3}{6}=\frac{1}{2}$.

这种类型中事件的概率，不必通过大次数试验利用频率来估计，通常利用公式来计算. 如前面的问题 2，可直接算出所求概率为 $\frac{1}{3}$.

一般地，如果一个试验共有 n 个等可能的结果，事件 A 包含其中的 k 个结果，那么事件 A 的概率

$$P(A)=\frac{\text{事件 }A\text{ 包含的可能结果数}}{\text{所有的可能结果总数}}=\frac{k}{n}.$$

例题1 甲乙两人轮流掷一枚材质均匀的骰子，每人各掷了 8 次. 结果甲有三次掷得"合数点"，而乙没有一次掷得"合数点". 如果两人继续掷，那么下一次谁掷得"合数点"的机会比较大？

在 1 到 6 中，合数是 4 和 6.

解 掷一枚骰子的试验是等可能试验，共有 6 个等可能结果. "掷得合数点"的事件包含"4 点"、"6 点"两个结果，所以"掷得合数点"的概率为 $\frac{2}{6}$，即 $\frac{1}{3}$.

因为在每一次掷骰子的试验中，事件"掷得合数点"的概率是不变的，所以两人下一次掷得合数点的机会一样大.

议一议

"掷一枚骰子得合数点"这个事件的概率为 $\frac{1}{3}$，为什么乙掷 8

次却没有一次掷得“合数点”?

例题2 在一副扑克牌中拿出2张红桃、2张黑桃的牌共4张，洗匀后，从中任取2张牌恰好同花色的概率是多少?

解 把拿出的4张牌编号，如红桃1、红桃2、黑桃1、黑桃2. 从中任取2张牌的试验，是等可能试验.

试验出现的等可能结果共有6个：

“红桃1、红桃2”；“红桃1、黑桃1”；“红桃1、黑桃2”；

“红桃2、黑桃1”；“红桃2、黑桃2”；“黑桃1、黑桃2”.

设事件A:“2张牌恰好同花色”，它包含其中2个结果：

“红桃1、红桃2”;“黑桃1、黑桃2”.

所以，$P(A)=\frac{2}{6}=\frac{1}{3}$.

试一试

如果从扑克牌中拿出3张红桃、2张黑桃的牌共5张，从中任取2张牌恰好同花色的概率是多少?

练习 23.3(2)

1. 有人说如果随机事件A的概率$P(A)=0.5$，那么由$P(A)\times 2=0.5\times 2=1$，可知在相同的条件下重复2次，事件$A$肯定发生. 你认为他的说法对吗?
2. 布袋里有2个红球、3个黄球、4个白球，它们除颜色外其他都相同. 从布袋里摸出一个球恰好为红球的概率是多少?
3. 掷一枚材质均匀的骰子，掷得的点数为素数的概率是多少?

问题4

木盒里有1个红球和1个黄球，这两个球除颜色外其他都相同. 从盒子里先摸出一个球，放回去摇匀后，再摸出一个球. 两次都摸到红球的概率是多少? 摸到1个红球1个黄球的概率又是多少?

有人说，两次摸球只有3种可能的结果：2红、2黄、1红1黄. 所以摸到2红的概率应该是$\frac{1}{3}$. 这种说法对吗?

分析

由于第一次摸出的球被放回，所以两次摸球是在相同条件下进行的.

我们利用下面的“树形图”来分析试验中的所有可能结果.

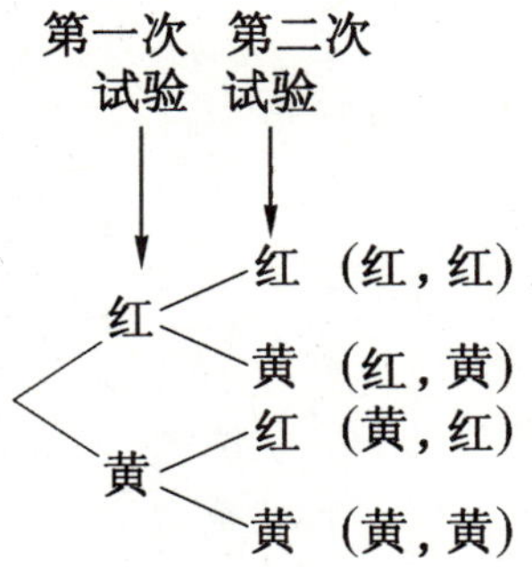

> 把所有可能的结果一一列出的方法叫“枚举法”,“树形图”就是枚举法的一种表示形式.

由树形图可以直观地看到,两次摸球共有 4 个等可能的结果,即(红,红)、(红,黄)、(黄,红)、(黄,黄),而(红,红)只是其中的 1 个结果.

设事件 A:“两次摸到红球”. 可知 $P(A)=\frac{1}{4}$.

设事件 B:“摸到 1 个红球 1 个黄球”. 因为摸到 1 个红球 1 个黄球包含两次试验中的 2 个可能结果,即(红,黄)或(黄,红),所以 $P(B)=\frac{2}{4}=\frac{1}{2}$.

借助树形图可简明地列出所有等可能的结果,问题 4 中的等可能试验分两步进行,所画树形图中的“树枝”相应分为两级. 如果一个等可能试验分多步进行,那么“树枝”相应分为多级. 画等可能结果的树形图,要注意其中同一级的每一条“树枝”必须是等可能的,最后一级的“树枝”条数是试验中所有等可能结果的个数.

例题3 甲乙两个同学做“石头、剪刀、布”的游戏,在一个回合中两人能分出胜负的概率是多少?

解 用“○、×、□”依次代表“石头、剪刀、布”. 用下面的树形图展现所有等可能的结果.

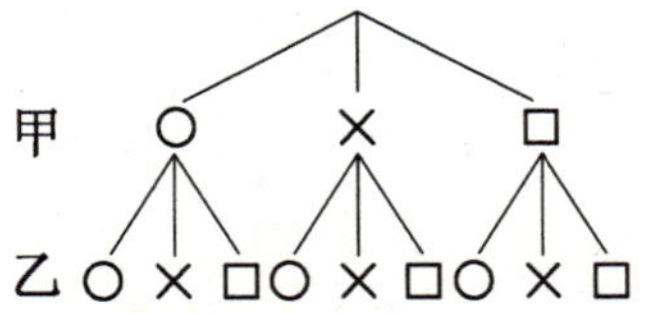

从图中看到,共有 9 个等可能的结果,即

(○,○)、(○,×)、(○,□)、(×,○)、(×,×)、
(×,□)、(□,○)、(□,×)、(□,□).

其中,两人手势相同的结果有 3 个,不分胜负;其余 6 个结果,都能分出胜负.

设事件 A:“一个回合中两人能分出胜负”. 可知

$$P(A)=\frac{6}{9}=\frac{2}{3}.$$

练习 23.3(3)

1. 布袋里有一个红球和两个白球，它们除了颜色外其他都相同. 摸出一个球再放回袋中，搅匀后再摸出一个球.
   (1) 请把树形图填写完整；
   (2) 求事件“摸到一红一白两球”的概率.

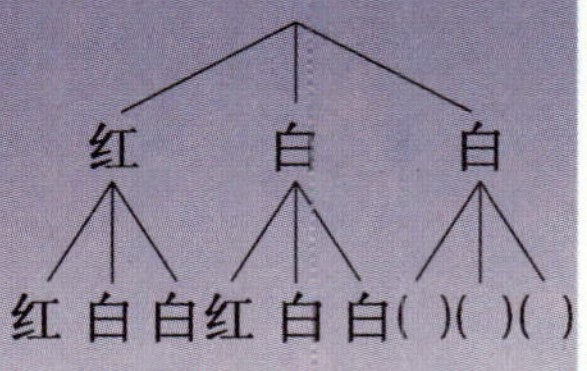

(第 1 题)

2. 迷宫有内外两层，内层有 2 扇黑门 1 扇白门，外层有 2 扇白门 1 扇黑门，黑白门的形状、大小完全一样. 一只熊猫在迷宫内层，它任意推门，每层各推 1 次，最后经过 2 扇白门从迷宫中出来的概率是多少？
3. 小张和小王轮流抛掷三枚硬币. 在抛掷前，小张说：“硬币落地后，若全是正面或全是反面，则我输；若硬币落地后为两正一反或两反一正，则我赢.”
   (1) 假如你是小王，你同意小张制定的游戏规则吗？为什么？
   (2) 请设计一个公平的游戏规则.

23.4 概率计算举例

规定 J、Q、K 分别对应数字 11、12、13.

例题 1 小杰和小明玩扑克牌，各出一张牌，谁的牌数字大谁赢，同样大就平. A 遇 2 输，遇其他牌(除 A 外)都赢. 最后各人手中还剩 3 张牌. 小杰手中有 A、J、3，小明手中有 K、J、2. 这时每人任出一张牌，小杰、小明两人谁获胜的机会大？

将小杰的牌与小明的牌相比：A 比 K 大、3 比 2 大、J 与 J 平，感觉上小杰获胜的机会更大. 正确的结论需要通过分析和概率的计算获得.

解 用下面的树形图展现两人各从 3 张牌中任选一张的所有可能的结果.

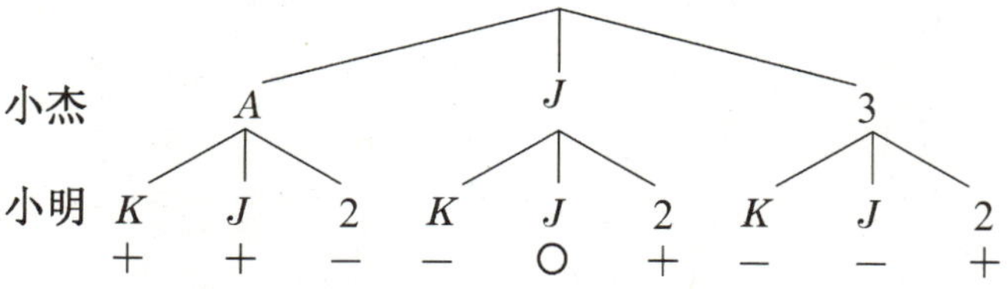

图中“＋”表示“小杰赢”(即“小明输”)，“－”表示“小杰输”(即“小明赢”)，“○”表示“平”.

从图中可以看出，两人各从 3 张牌中任出一张牌，共有 9 个等可能的结果.

设事件 A：“小杰赢”；事件 B：“小明赢”.

事件 A 包含其中的 4 种结果：

$$(A,K)、(A,J)、(J,2)、(3,2);$$

事件 B 也包含其中的 4 种结果：

$$(A,2)、(J,K)、(3,K)、(3,J).$$

所以，$P(A)=P(B)=\frac{4}{9}$.

即两人获胜的机会一样大.

例题2 甲乙丙三个球迷只有一张球票，现通过抓阄来决定谁去看球. 为此准备了三张纸片，其中一张画了个圆圈“○”，抓中的人得到球票；另两张纸片空白. 抓阄前，甲提出要先抓，他想先抓的人得到球票的机会大. 他的想法对吗？

解 假设抓阄的顺序依次是甲、乙、丙. 3 张纸片中一张画“○”. 我们用“○”表示抓中，其余用“$白_1$”、“$白_2$”表示. 用树形图展示所有可能的结果如下：

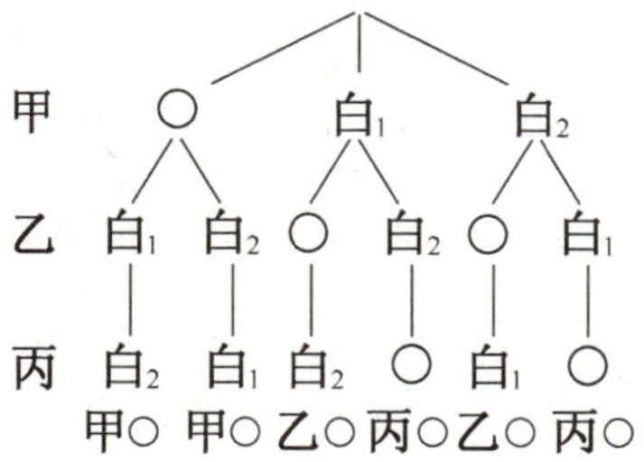

从图中可以看出，共有 6 种可能的结果，其中甲、乙、丙抓到画“○”的纸片的结果各有 2 种，可知概率都是 $\frac{1}{3}$. 所以他们得到球票机会一样大.

> 抓阄是不放回地取纸片，即甲取一张纸片后，乙在剩下两张中选取一张，丙只好拿最后一张.

练习 23.4(1)

1. 一人把分别写有“20”、“10”、“世博”的 3 张相同卡片，字面朝下随意放在桌面上；另一人再把这 3 张卡片排成一行，从左到右恰好排成“2010 世博”或者“世博 2010”的概率是 （　　）

   (A) $\frac{1}{6}$；　(B) $\frac{1}{4}$；　(C) $\frac{1}{3}$；　(D) $\frac{1}{2}$.

2. 从 2,6,8 这三个数中任选两个组成两位数，在组成的所有两位数中任意抽取一个数，这个数恰好能被 4 整除的概率是多少？

3. 三位同伴进饭店用餐，把每人自带的雨伞交给服务员放在一起保管. 如果离店时服务员把他们的雨伞随意还给各人，那么三位同伴恰好拿到各自的雨伞的概率是多少？

生活中有些等可能试验与长度、面积或体积等有关，相关的概率问题可以通过有关度量计算来解决；还有些概率问题可以利用图形来进行分析和研究，把问题转化为度量计算再解决.

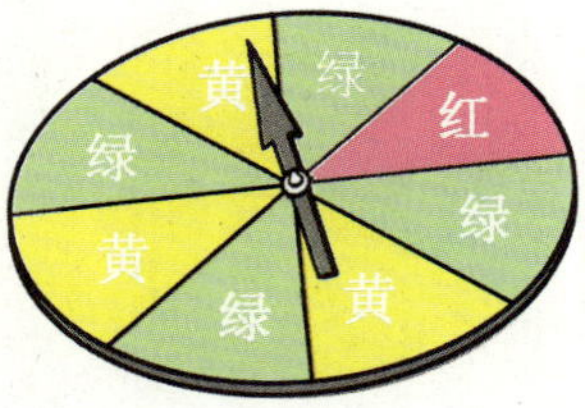

图 23－2

因每种颜色的扇形的圆心角之和不相等，所以“指针落在红色扇形内”、“指针落在黄色扇形内”和“指针落在绿色扇形内”，不是等可能.

例题3 将圆盘分为圆心角相等的 8 个扇形，各扇形涂有各种颜色，如图 23－2 所示. 任意转动转盘，停止后指针落在每个扇形内的可能性大小都一样(当指针落在扇形边界时，统计在逆时针方向相邻的扇形内). 求指针分别落在“红色”、“黄色”、“绿色”扇形内的概率.

解 根据扇形所涂的颜色，可把圆心角相等的 8 个扇形按逆时针方向依次编号为“红 1”、“绿 1”、“黄 1”、“绿 2”、“黄 2”、“绿 3”、“黄 3”、“绿 4”. 并规定，从逆时针方向看，每条边界属于其后的扇形. 转盘停止时，指针所在的扇形有 8 个等可能的结果.

设事件 A：“指针落在红色区域内”；事件 B：“指针落在黄色区域内”；事件 C：“指针落在绿色区域内”.

事件 A 包含其中的 1 个结果，得 $P(A)=\frac{1}{8}$.

事件 B 包含其中的 3 个结果，即指针落在编号为黄 1、黄 2 或黄 3 的扇形内，所以 $P(B)=\frac{3}{8}$.

事件 C 包含其中的 4 个结果，即指针落在编号为绿 1、绿 2、绿 3 或绿 4 的扇形内，所以 $P(C)=\frac{4}{8}=\frac{1}{2}$.

例题4 如图 23－3，转盘 A 等分为三个扇形，号码为①、②、③；转盘 B 分为两个扇形(即半圆)，号码为①、②. 甲乙两位同学想这样玩游戏：甲任意转动 A 盘，停止时指针得到一个号码；乙任意转动 B 盘，停止时指针得到一个号码(当指针落在扇形边界时，统计在逆时针方向相邻的扇形内). 如果两号码的积为奇数，那么甲胜；如果两号码的积为偶数，那么乙胜.

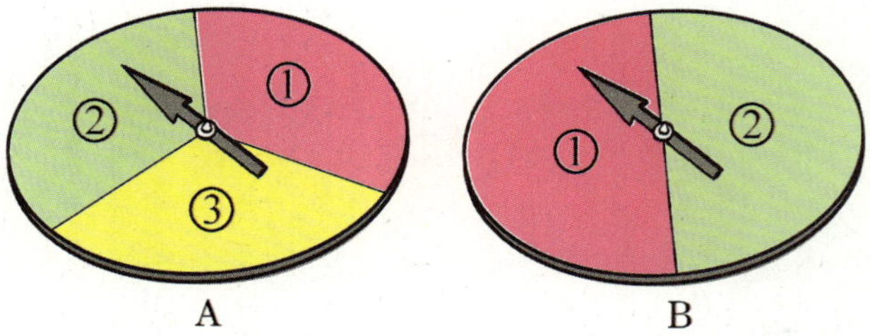

图 23－3

判断这个游戏是否公平. 如果不公平，请设计一个公平的游戏规则.

解 用树形图展示一次游戏的所有等可能的结果，如图 23－4 所示. 从图中可以看出，共有 6 个等可能的结果：

(①,①)、(①,②)、(②,①)、(②,②)、(③,①)、(③,②).

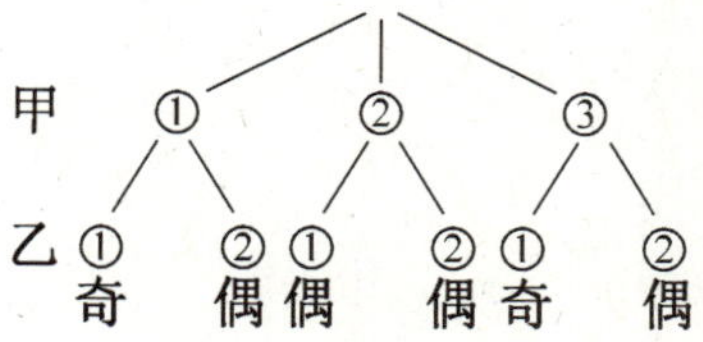

图 23－4

设事件 D:“两号码之积为奇数”；事件 E:“两号码之积为偶数”.

事件 D 包含其中的 2 个结果：(①,①)、(③,①)，所以，

$$P(D)=\frac{2}{6}=\frac{1}{3}.$$

事件 E 包含其余的 4 个结果，所以，

$$P(E)=\frac{4}{6}=\frac{2}{3}.$$

甲胜的概率比乙胜的概率小 $\frac{1}{3}$，可见这个游戏规则对乙很有利，是不公平的.

为了公平起见，可更改游戏规则. 如改为“两号码之和为奇数，甲胜；两号码之和为偶数，乙胜”，其余不变.

这样，两号码之和分别是 2、3、3、4、4、5，其中奇数 3 个，偶数 3 个. 两人获胜的概率都是 $\frac{1}{2}$，可见这个游戏规则是公平的.

例题5 甲乙两人相约下午 1 时至 2 时在某公共汽车站乘车，已知该站在下午 1 时 30 分和 2 时准点各发一班车. 假设因堵车的影响，甲乙两人在 1 时至 2 时之间任一时刻到达车站的可能性相等，如果两人到车站后见车就上，那么两人同乘一辆车的概率是多少？

实际上，相对于一个时段内的无数个时刻而言，分界的那个时刻可忽略不计.

解 将下午 1 时至 2 时以 1 时 30 分这一时刻为界划为前、后两个时间段，前段从下午 1 时至 1 时 30 分(含此时刻)之间，后段从下午 1 时 30 分至 2 时(含此时刻)之间.

因为甲乙两人在下午 1 时至 2 时之间任一时刻到达车站的可能性相等，而前、后两段的时间又一样长，所以相对于前、后两个时间段而言，如果把甲或乙在其中一个时间段内到达车站看作一种情况，那么由这两人到达车站的时刻所确定的结果共有四种，即两人同在前段、两人同在后段、甲在前段乙在后段、乙在前段甲在后段，而且这四种结果是等可能的.

设事件 A:“甲乙两人同乘一辆车”，可知事件 A 包含“两人同在前段”、“两人同在后段”这两种结果，所以 $P(A)=\frac{2}{4}=\frac{1}{2}$.

议一议

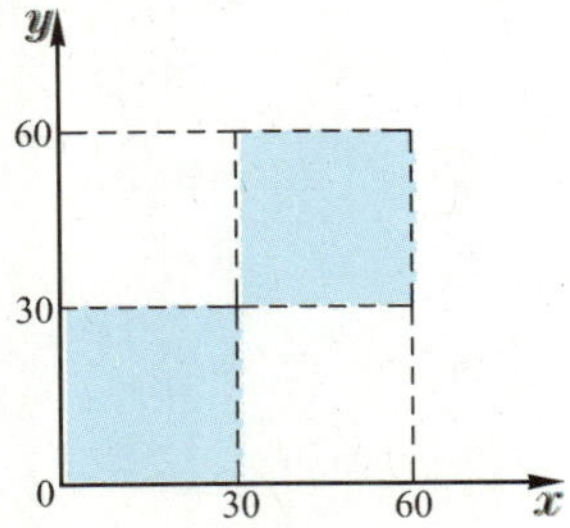

图 23－5

继续研究上述例 5. 设甲到达车站的时刻为下午 1 时 x 分，乙到达车站的时刻为下午 1 时 y 分，其中 $0<x\leqslant 60$，$0<y\leqslant 60$，那么甲乙两人到达车站的时刻可用有序实数对 (x,y) 来表示. 在直角坐标平面内，画出以 (x,y) 为坐标（其中 $0<x\leqslant 60$，$0<y\leqslant 60$）的一切点所在的平面区域，如图 23－5 所示. 这时，对于事件 A："甲乙两人同乘一辆车"，怎样在这个平面区域内用适当的方式表示事件 A 发生或不发生？$P(A)$ 能用有关区域的面积比表示出来吗？

练习 23.4(2)

1. 利用概率的意义来说明，当陨石坠落到地球上时，是落在陆地的可能性大，还是落入海洋的可能性大？
2. 在如图所示的游戏转盘中，CE、DF 是直径，转动转盘，求指针落在蓝色区域的概率（当指针落在扇形边界时统计在逆时针方向相邻的扇形内）.
3. 某人午觉醒来发现手表停了，于是打开收音机等整点报时，问等待时间不超过 20 分钟的概率是多少？

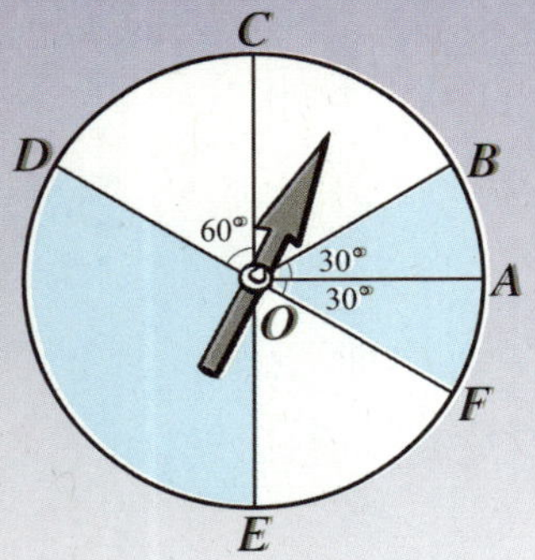

（第 2 题）

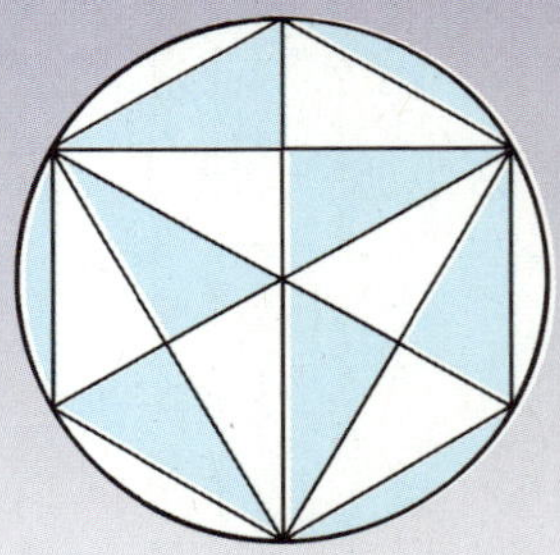
（第 4 题）

4. 在如图所示得图案中，蓝白两色的直角三角形、弓形分别全等，将它作为一个游戏盘，游戏的规则是：按一定的距离向盘中投镖一次，扎在蓝色区域为甲胜，扎在白色区域为乙胜，扎在边界上则不计胜负. 你认为这个游戏公平吗？为什么？

23

本章小结

现实生活中有各种各样的事件，有些是确定事件，有些是随机事件. 确定事件是否发生，都是肯定的；而随机事件是否发生事先不能肯定，但可以预测其发生的可能性的大小. 通过本章的学习，我们知道概率是对随机事件发生的可能性大小的度量，它揭示了随机事件发生的规律. 概率知识有广泛的实际应用，科学的预测可以帮助我们合理地决策、理智地参与社会生活.

随机事件的概率，一般通过大数次的随机试验，利用频率来进行估计. 但是，有些事件，它包含的结果是等可能试验的所有结果中的某一个或某几个，这类事件的概率可以通过计数再利用公式进行计算. 我们尝试了用频率估计概率，着重讨论了等可能试验和相关两类简单事件的概率计算方法，从而初步体会到概率的意义，初步获得了概率研究的过程体验.

本章知识结构图如下：

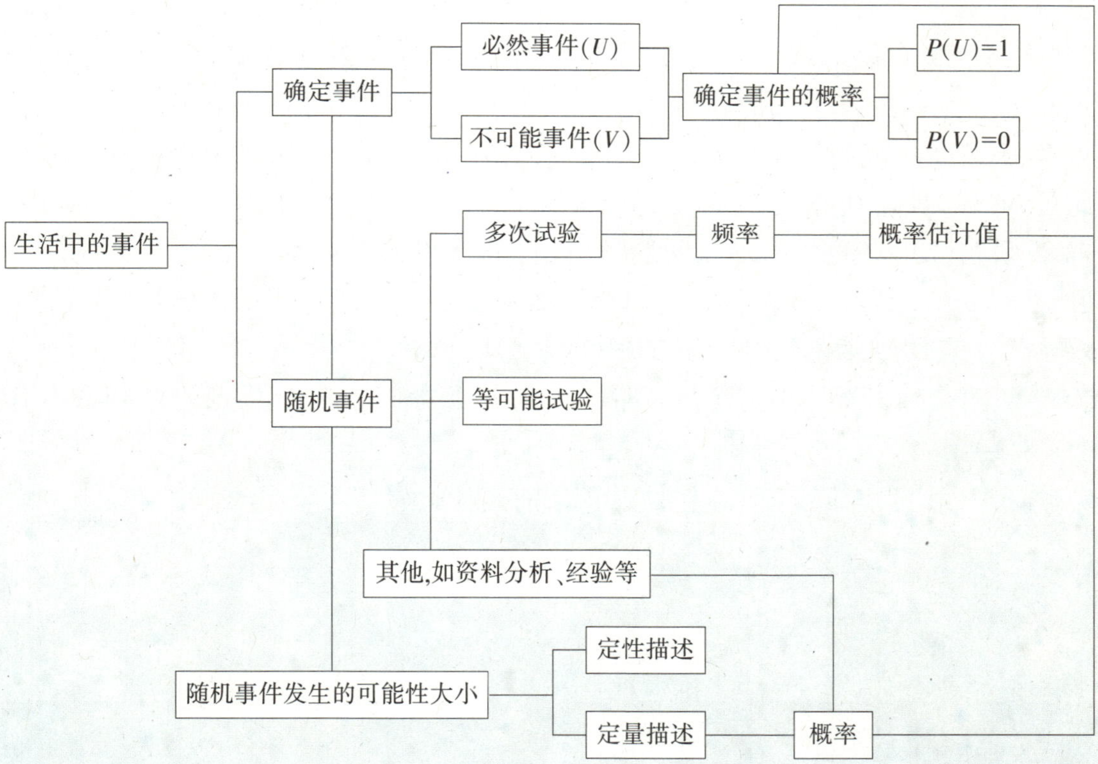

23 探究活动

杨辉三角与路径问题

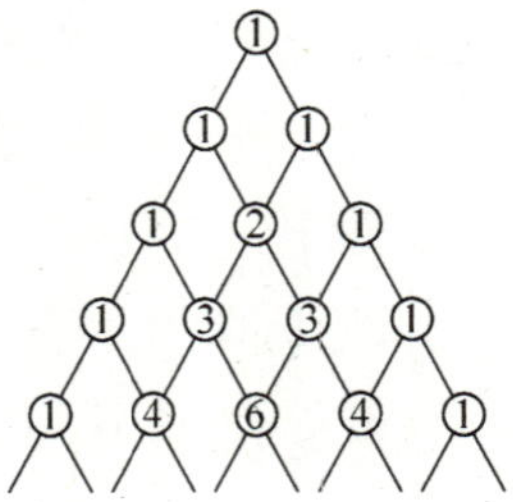

如图是“杨辉三角”(杨辉是我国宋朝时期的数学家)的图形. 一只蚂蚁从最高点出发往下爬,在任意一个节点沿哪一条路径往下爬的可能性都相同. 最高点以下各横行顺次为第一、二、……层,求:

(1) 从最高点爬到第一层各节点的概率;

(2) 从最高点爬到第三层各节点的概率;

(3) 从最高点爬到第四层各节点的概率.

探究

观察右图,第一层有 2 个节点,第二层有 3 个节点,……,第 k 层有 $k+1$ 个节点. 图中各节点上所标的数字,正是蚂蚁从最高点爬到这个节点的不同路径条数. 如“③”表示蚂蚁从最高点爬到这个节点有 3 条不同的路径.

思考 1:从最高点爬到第一层的总路径数共有几条? 到第一层各节点的路径数分别有几条? 由此可知,(1)所求概率是多少?

思考 2:问题(2)和(3)可以参照问题(1)进行分析和求解吗?

拓展

蚂蚁从最高点爬到第六层各节点的概率是多少?

思考 3:从第二层开始,每个节点的路径数与它上方邻近两个节点的路径数有什么数量关系?

思考 4:图中第五、六层各节点上的数字分别是什么?